国家自然科学青年基金(11702296)　　联合资助
中央高校基本科研业务费项目

页岩油气储层返排特征及微观机理

杨　柳　陶志刚　江　昀　周　彤
贾宁洪　蒋庆平　孟思炜　葛洪魁　　著

石油工业出版社

内 容 提 要

本书对页岩储层返排过程中的毛细管力渗吸、化学渗透、离子扩散等传质传热现象进行重新认识和思考，按照由浅入深、由基础到应用、由实验到理论的思路和原则进行编写。概述了页岩储层相关的研究进展，总结了页岩储层特殊返排动态特征，描述了页岩储层焖井期间毛细管力渗吸、化学渗透、离子扩散等传质传热现象，并介绍了一系列传质传热现象的工程应用。

本书可供高等石油院校相关专业师生、石油现场工程师阅读，也可供科研机构从事相关研究的科研人员参考。

图书在版编目（CIP）数据

页岩油气储层返排特征及微观机理／杨柳等著．— 北京：石油工业出版社，2019.10
ISBN 978-7-5183-3508-4

Ⅰ.①页… Ⅱ.①杨… Ⅲ.①油页岩-储集层-研究 Ⅳ.①P618.130.2

中国版本图书馆 CIP 数据核字（2019）第 151170 号

出版发行：石油工业出版社
　　　　　（北京安定门外安华里 2 区 1 号　100011）
　　　　　网　　址：www.petropub.com
　　　　　编辑部：（010）64243881　图书营销中心：（010）64523633
经　　销：全国新华书店
印　　刷：北京中石油彩色印刷有限责任公司

2019 年 10 月第 1 版　2019 年 10 月第 1 次印刷
787×1092 毫米　开本：1/16　印张：9.75
字数：220 千字

定价：60.00 元
（如出现印装质量问题，我社图书营销中心负责调换）
版权所有，翻印必究

前　言

　　页岩气是典型的边际油气资源，页岩储层最显著的特点是低孔隙度、低渗透率、难动用，必须依靠大规模的体积压裂改造才能实现经济开采。国内外的页岩气压裂施工表明，大量压裂液注入页岩储层后，返排率普遍较低。同时，返排液的矿化度明显升高。页岩气井返排率及返排液矿化度变化规律可作为认识储层和评价体积压裂缝网发育程度的一个重要手段。研究发现，页岩储层压裂液渗吸及盐离子扩散是导致返排率低和返排液矿化度高的主要因素。掌握页岩储层压裂液渗吸—离子扩散机理对理解页岩油气井特殊的"产液—产盐"返排动态特征、发展全新的压后评估方法、有针对性地优化体积压裂设计具有重要意义。

　　笔者长期从事非常规油气储层压裂相关的岩石力学和渗流力学问题研究，尤其是在页岩油气井特殊的返排动态方面做了大量的研究工作，基于多年研究成果及工程经验撰写了本书。本书共分9章，第一章介绍了页岩油气储层渗吸和盐离子扩散相关的研究进展；第二章分析了页岩油气储层的工程地质特征及特殊的返排动态规律；第三章介绍了页岩储层压裂液渗吸特征、表征参数及影响因素；第四章介绍了页岩储层盐离子向压裂液中溶解、对流、扩散的规律；第五章和第六章重点分析了页岩储层渗吸—离子扩散对流体在孔隙中迁移的影响，提出了压裂液渗吸与离子扩散相互作用的理论；第七章、第八章和第九章介绍了压裂液渗吸—离子扩散对返排率、导流能力和地应力预测等工程实际的影响。

　　本书的部分内容来自笔者在中国石油大学（北京）和中国科学院力学研究所研究阶段的原创工作。在撰写过程中，中国矿业大学（北京）何满潮院士和中国科学院力学研究所鲁晓兵研究员提供了巨大的帮助，在此表示衷心感谢。同时，石富坤、曹金栋和鲁环宇等参与了部分章节的整理工作，在此一并表示感谢。

　　由于笔者水平有限，书中不免有不妥和疏漏之处，敬请读者批评指正。

目　　录

第一章　绪论 ……………………………………………………………………（ 1 ）
　　第一节　页岩储层特殊的返排动态 …………………………………………（ 1 ）
　　第二节　页岩储层返排特征研究进展 ………………………………………（ 2 ）
　　第三节　本书研究内容 ………………………………………………………（ 5 ）
　　参考文献 ………………………………………………………………………（ 5 ）

第二章　页岩气井特殊的返排动态特征 ………………………………………（ 8 ）
　　第一节　页岩基本工程地质特征 ……………………………………………（ 8 ）
　　第二节　页岩气井压裂液返排率特征分析 …………………………………（ 15 ）
　　第三节　页岩气井返排液盐度特征分析 ……………………………………（ 16 ）
　　第四节　页岩气井焖井期间压力变化特征分析 ……………………………（ 17 ）
　　第五节　小结 …………………………………………………………………（ 19 ）
　　参考文献 ………………………………………………………………………（ 19 ）

第三章　页岩储层压裂液渗吸实验研究 ………………………………………（ 20 ）
　　第一节　页岩储层压裂液渗吸实验装置及方法 ……………………………（ 20 ）
　　第二节　页岩储层渗吸特征表征理论与方法 ………………………………（ 23 ）
　　第三节　页岩储层渗吸特征及微观控制机理 ………………………………（ 27 ）
　　第四节　页岩储层渗吸能力及影响因素 ……………………………………（ 33 ）
　　第五节　小结 …………………………………………………………………（ 42 ）
　　参考文献 ………………………………………………………………………（ 43 ）

第四章　页岩储层渗吸过程中的离子扩散特征 ………………………………（ 44 ）
　　第一节　页岩盐离子扩散实验方法 …………………………………………（ 44 ）
　　第二节　页岩盐离子扩散曲线特征及表征参数 ……………………………（ 47 ）
　　第三节　页岩盐离子扩散能力影响因素 ……………………………………（ 52 ）
　　第四节　小结 …………………………………………………………………（ 61 ）
　　参考文献 ………………………………………………………………………（ 62 ）

第五章 盐间页岩储层压裂液渗吸—离子扩散规律 （63）
  第一节 盐间页岩储层微观结构特征 （63）
  第二节 盐间页岩储层盐的分布形态 （66）
  第三节 盐间页岩储层盐溶引起的孔隙结构变化 （69）
  第四节 盐间页岩储层渗吸—离子扩散引起的油相迁移规律 （73）
  第五节 小结 （79）
  参考文献 （80）

第六章 页岩储层压裂液渗吸与离子扩散相互作用机理 （81）
  第一节 页岩储层压裂液渗吸机理 （81）
  第二节 渗吸过程中的盐离子扩散机理 （89）
  第三节 页岩储层渗吸—离子扩散物理模型 （92）
  第四节 小结 （102）
  参考文献 （103）

第七章 页岩气井返排率预测实例 （104）
  第一节 基于简单裂缝模型的返排率预测实例 （104）
  第二节 基于裂缝网络模型的返排率预测实例 （106）
  第三节 小结 （116）
  参考文献 （116）

第八章 页岩储层人工裂缝导流伤害评价 （117）
  第一节 压裂液渗吸引起的硬度软化特征 （117）
  第二节 页岩裂缝表面硬度软化引起的导流能力伤害 （120）
  第三节 小结 （129）
  参考文献 （129）

第九章 页岩储层渗吸在地应力预测中的应用 （131）
  第一节 页岩储层压裂液渗吸致拉伸裂缝扩展机理 （131）
  第二节 页岩气井井壁诱导拉伸裂缝分布特征 （134）
  第三节 考虑页岩渗吸作用修正 Zoback 地应力预测方法 （140）
  第四节 小结 （148）
  参考文献 （148）

第一章 绪 论

页岩气作为重要的非常规油气资源，目前已经在美国、加拿大等国家的多个盆地实现了商业开发，受到世界范围内的广泛关注。页岩储层具有低孔隙度、低渗透率、难动用的特点，必须经过大规模的体积压裂改造才能实现经济开采。与常规储层压裂形成双翼裂缝不同，页岩储层天然裂缝发育、脆性强，经水力压裂后形成的是复杂裂缝网络，这为评价人工裂缝形态、开展压后评估工作带来了挑战。研究发现，页岩气井累计返液量、返出液盐度以及含有的盐离子类型变化规律能够很好地反映压裂缝网形态和储层特征，可作为常规压后评估方法的有效补充，得到了国内外学者的广泛关注。目前，页岩气井"产液—产盐"返排动态特征以及微观机理是开展压后评估工作的主要技术难题之一。

第一节 页岩储层特殊的返排动态

目前，非常规天然气在北美能源供应中占有的比重越来越高，基本改变了加拿大和美国的能源供需结构，也大大激发了中国在页岩气开发方面的热情。中国具有丰富的页岩气资源储量，然而目前尚处于开发初期。高效开发页岩气对满足国家能源需求和促进环保能源的广泛应用具有重要意义。

水平井多级压裂是经济开采页岩气资源的重要技术，依靠大量滑溜水压裂储层产生复杂裂缝网络，以实现页岩储层体积压裂改造。国内外页岩气储层压裂改造的施工表明，压裂液返排率普遍低于30%，Marcellus返排率低于7%，而中国涪陵页岩气区压裂液返排率甚至低至4.7%，但对页岩气产出并没有带来多大影响。还有统计表明，返排率越低，产能越高，这与传统的页岩水化膨胀和水锁伤害的认识不符。同时，返排液的矿化度随着返排时间迅速上升，且返排液中除了携带页岩本身的组分外，还具有更高的总溶解固体（TDS）含量。页岩储层返排率及返排液中矿化度随时间的变化规律可以作为认识储层和诊断人工缝网发育程度的一个重要手段。然而，目前国内外对低返排率和高矿化度返排液的机理还没有形成统一的认识，同时还未掌握吸入页岩储层中的压裂液对工程的影响。其根本原因在于页岩储层具有特殊的性质[矿物组成、微观孔隙结构、总有机碳（TOC）、生烃排水造成的超低含水饱和度等］，使其与水的相互作用与常规储层存在本质的区别。富有机质页岩储层普遍存在超低含水饱和度和微纳米级孔隙，能够产生强烈的自发渗吸作用，将压裂液由人工裂缝吸入基质孔隙，而页岩储层盐离子由基质孔隙扩散进入人工裂缝，这是造成页岩储层返排率低及矿化度高的原因。此外，吸入页岩基质中的压裂液与页岩发生强相互作用，导致页岩内部发生一系列的物理化学变化，对压裂改造和页岩气产出等都会产生影响。深入认识页岩储层压裂液渗吸—离子扩散机理有助于理解页岩油气井特殊的"产液—产盐"返排动态特征，对发展全新的压后评估方法、有针对性地优化体积压裂设计具有重要意义。

第二节　页岩储层返排特征研究进展

一、页岩气井压裂后"产液—产盐"返排动态特征研究进展

近年来，国内外的学者普遍认识到页岩气井返排率、返排液盐度及其含有的离子类型能够反映压后缝网形态特征，可作为传统压后评估方法的一个重要补充。

页岩气井返排率与缝网的复杂度关系密切。人工缝网主要由主裂缝和一系列次级裂缝构成，主裂缝中可铺设支撑剂，具有很好的导流能力。相反，次级裂缝支撑剂难以进入，导流能力较弱。一般来说，次级裂缝越发育，缝网复杂度往往越高。对于复杂的人工缝网，压裂液主要赋存于次级裂缝中，因而次级裂缝导流能力较低，压裂液难以返出。此外，发育次级裂缝能够大大提高缝面与基质的接触面积，强化压裂液渗吸作用，从而降低压裂液返排率。高树生等[1]开展了页岩储层压裂液渗吸实验，并运用缝网渗流能力等效原理建立了预测储层吸水强度的模型，得出缝网的暴露面积越高，吸入地层的压裂液量越大，返排率越低。

页岩气井返排液盐度及含有的盐离子类型也可以作为评价缝网发育程度的重要指标。与人工压开的主裂缝不同，次级裂缝主要为激活的天然裂缝，表面往往附着高盐度的原生水膜，与侵入的压裂液混合能够迅速提高压裂液盐度[2]。次级裂缝发育也可以提高暴露面积，强化储层中的盐离子向压裂液中扩散的能力。此外，次级裂缝返出液含有的离子类型也与主裂缝具有很大的差别[3]。研究发现，钡离子主要存在于次级裂缝中，其浓度变化能够很好地反映出次级裂缝的发育程度。返排液中Ca^{2+}/Na^+值也与次级裂缝发育程度密切相关[4]。

页岩气井特殊的"产液—产盐"返排动态曲线可为评价体积压裂缝网形态提供丰富的信息。Zolfaghari A等[5]对返排液盐度与累计产液量关系曲线进行了研究，基于离子扩散理论建立了缝宽分布反演的方法。但是，该模型做了较多的假设，且未考虑压裂液渗吸和离子扩散的相互作用机理。目前对"产液—产盐"返排特征的研究仍然处于定性分析阶段，内在

二、页岩储层的压裂液渗吸机理研究进展

页岩储层体积压裂过程中,向地层注入上万立方米滑溜水以实现缝网改造,然而只有低于25%的滑溜水能够返出地面。导致页岩储层返排率较低的原因较多,如裂缝不均匀闭合、粗糙缝面的滞留和基质对压裂液的渗吸等。国内外学者认为,缝网中的压裂液自发渗吸进入页岩基质是导致返排率普遍较低的主要原因[6]。

岩石自发渗吸是指在毛细管力作用下润湿相流体自发驱替非润湿相流体的过程,已经成为国际研究的热点课题之一。国内外的学者主要围绕渗吸提高采收率和引起储层伤害两个方面开展研究。毛细管力渗吸作为基块与裂缝之间质能传递的重要机理在裂缝性油藏的开发中得到了广泛应用[7-9]。在水驱过程中,较低的注水速度能够更好地发挥基质小孔的渗吸排油作用,可以显著提高裂缝性油藏水驱替效果[10]。相较于常压渗吸驱油,脉冲渗吸驱油、表面活性剂渗吸驱油能使更多的原油参与渗流过程,提高了低渗透油藏原油的采收率[11-13]。研究发现,靠渗吸作用驱出的原油采收率占总采收率的20%[14-17]。此外,毛细管力渗吸作用也会引起低渗储层伤害问题。钻完井过程中工作液侵入地层或气井生产中边底水侵都会导致储层含水饱和度上升,从而导致油气渗透率降低,这种现象称为水相圈闭[18]。低渗储层孔喉细小,毛细管力大,外界水相与储层接触时,强渗吸作用使得水相侵入较深,大大加剧了水相圈闭效应[19]。此外,致密储层初始含水饱和度往往低于束缚水饱和度,即储层处于"超干"状态。一旦与水接触,就产生快速自吸,即使在负压钻进时也不可避免[20]。

页岩储层压裂液渗吸影响因素较多,机理复杂。首先,页岩孔隙结构复杂使得毛细管力渗吸微观机理与常规砂岩存在明显不同[21]。页岩储层孔喉处于微纳米级别,毛细管力较大,且优质页岩储层普遍具有欠饱和("超干状态")的特点,使得自发渗吸作用大大超过常规砂岩储层[22]。此外,页岩基质孔隙分为有机孔隙和无机孔隙,宏观上呈现出混合润湿的特点,对压裂液的赋存和流动具有重要的影响。其次,由于页岩黏土矿物含量高且类型多样,遇到水后产生的化学效应也使得页岩的渗吸机理比常规储层复杂,尤其是蒙脱石和伊蒙混层的存在可以提高页岩的渗吸速率[23,24]。页岩内部的黏土水化作用容易引起裂缝表面强度弱化,诱发支撑剂嵌入,降低人工缝网导流能力。此外,页岩在原始地层条件下处于一定矿化度的盐水环境中,当低矿化度的压裂液接触页岩储层后,高化学势差引起的渗透压也会强化压裂液的渗吸作用。

页岩储层压裂液渗吸诱发的水锁伤害机理也与常规认识存在较大不同。对常规储层而言,自发渗吸提高了人工裂缝附近的含水饱和度,使得渗透率迅速降低,形成水锁伤害。然而,页岩吸水后能够引起内部孔隙压力上升,导致拉伸裂缝的产生[25]。拉伸裂缝的形成在一定程度上改善了储层的物性。同时,高品质页岩储层能够促使吸入岩石基质中的水向

基质深部扩散，形成独特的"水锁自我解除"现象，对页岩气的产出具有一定的积极作用[26]。国内外施工经验也证实了页岩气井压裂后不立即放喷，而是焖井一段时间再投产，可以提高部分页岩气井的产量。

相关研究人员已开展的前期实验[27-30]表明，页岩储层压裂液渗吸驱动力为毛细管力和黏土渗透压，部分富黏土页岩中渗透压对压裂液吸收的驱动作用明显高于毛细管力，导致压裂液吸入体积能够大大超过气测孔隙体积（1~3倍），甚至引起矿物颗粒间微裂缝萌生、扩展、贯穿直至页岩破坏。压裂液渗吸进入页岩基质孔隙的微观机制较为复杂，目前仍然处于定性研究阶段，还没有形成定量的评价标准和表征参数。此外，经典的毛细管力渗吸模型是基于常规储层岩石发展起来的，并不一定适用于页岩储层。

三、页岩储层盐离子在压裂液中的扩散特征研究进展

国内外页岩储层压裂改造施工表明，返排液盐度普遍较高，且随着返排时间的延长，返排液的盐度不断上升，往往超过10%（滑溜水压裂液盐度一般在0.1%左右）。多数研究将此类现象归因于页岩储层盐离子向压裂液的扩散。

返排液中的盐离子主要来源于页岩自身矿物和孔隙壁面结晶盐的溶解，而黏土矿物是影响页岩储层盐离子含量的关键因素。一方面，黏土矿物中含有大量可溶性的盐离子，遇到水后可迅速溶解，提高压裂液的盐度。同时，黏土矿物发生水化作用，附着在表面的可交换的阳离子也是返排液盐离子的重要来源。另一方面，地层条件下黏土晶层具有半透膜特性，即水分子可以自由通过，盐离子不能通过或只能部分通过。在页岩沉积、压实过程中，排出的地层水盐度较低，大量的盐分则留在了页岩孔隙内部，并倾向于聚集在黏土矿物表面，形成高盐度的水膜或结晶盐。

离子对流与扩散是页岩储层中的离子向压裂液中运动的主要形式。只有存在明显的流体流动时，离子对流效应才会发挥作用。压后返排初期，压裂液在人工缝网壁面流动，强化的离子对流作用引起压裂液盐度迅速上升。页岩基质内部，压裂液在微纳米孔隙中流动缓慢，离子对流作用可能较弱，离子运动形式主要以扩散为主[31]。目前，研究页岩储层盐离子的运动机理主要采用室内实验和现场测试相结合的手段进行。对于室内实验，通常将页岩样品浸没在静止的液体中，测定溶液电导率随时间的变化来研究基质孔隙中的盐离子向裂缝中压裂液扩散的规律及影响因素。对于现场测试，通常需要测定返排过程中返出液离子含量及离子类型随返排时间的变化，即页岩气井"产盐"返排动态数据。

页岩储层离子扩散与页岩的孔隙度、渗透率、层理、黏土矿物含量及类型有关，同时与压裂液自身的性质（如浓度、黏度以及成分等）关系密切。研究发现，页岩储层离子扩散也会受到压裂液渗吸的影响，同时影响渗吸的因素也会不同程度地影响离子扩散过程[32]。Fakcharoenphol P 等[33]认为层状黏土矿物半透膜特性对离子扩散具有重要的影响，且膜效率不同，影响程度也不同。一旦低矿化度的水与页岩接触，水分子则透过半透膜进入盐度较

高的孔隙中，降低孔隙中的盐度，使得两侧的盐度平衡，这个过程提高了水的渗吸速率，而降低了离子扩散速率。研究人员已开展的前期实验和数值模拟[34,35]表明，初期离子扩散引起的溶液电导率变化与时间的平方根总体呈较好的线性关系，与压裂液渗吸的规律一致。压裂液渗吸和盐离子扩散是同步进行的，压裂液渗吸为盐离子扩散创造了通道和条件，而盐离子溶解、扩散进入渗吸液中，并与渗吸液反向流动。

页岩储层离子向压裂液中扩散很可能并不满足 Fick 第二扩散定律。余红发等[36]结合沿海地区混凝土结构的寿命预测问题，对静水压力驱动下氯离子在混凝土结构中的扩散规律进行系统研究，得出氯离子主要以浓度扩散、毛细管力渗吸和压差渗透 3 种方式进入混凝土，受混凝土内部结合、吸附作用的影响，离子的扩散系数与时间呈指数关系。类比混凝土结构氯离子扩散机理，可以推测页岩储层离子扩散很可能与压裂液渗吸、黏土矿物水化、微观非均质性和离子类型等因素有关，并不能直接运用 Fick 第二扩散定律[37]。虽然多孔介质溶质迁移理论在众多领域（如土壤次生盐渍化、地层中污染物迁移和滨海地区海水入侵等）得到了关注和应用，但目前还没有将该理论运用到页岩气井压裂液返排的研究领域中。考虑到页岩本身的特殊性，如微纳米孔隙发育、黏土矿物含量高和孔隙结构复杂等，在理论上完全解决页岩储层离子向压裂液中扩散的诸多问题需要进行多学科的系统研究。

第三节　本书研究内容

页岩气井具有特殊的"产液—产盐"返排动态，可为评价人工缝网形态提供丰富的信息，而压裂液渗吸和离子扩散是认识"产液—产盐"返排动态的关键机理。本书在深入的国内外文献调研的基础上，针对国内重点区块的页岩气储层进行特征分析，介绍了室内自发渗吸实验，给出了评价压裂液吸收的表征方法及参数，并分析其影响因素；介绍了粉碎样品电导率实验，并分析页岩储层基质离子扩散特征，阐明了离子扩散规律、机理及影响因素；提出了压裂液渗吸—离子扩散模型，分析其相互作用机理；最后，介绍了页岩储层与压裂液相互作用对返排率、返排液盐度、导流能力和储层伤害等工程实际的影响。本书涉及的内容对于认识页岩气井的返排特征、完善压后评估技术和持续改进体积压裂设计具有较大意义。

参 考 文 献

[1] 高树生，胡志明，郭为，等. 页岩储层吸水特征与返排能力[J]. 天然气工业，2013，33(12)：71-76.

[2] Woodroof Jr R A, Asadi M, Warren M N. Monitoring fracturing fluid flowback and optimizing fracturing fluid cleanup using chemical frac tracers[C]//SPE European Formation Damage Conference. Society of Petroleum Engineers, 2003.

[3] Gdanski R D, Weaver J D, Slabaugh B F. A new model for matching fracturing fluid flowback composition

[C]//SPE Hydraulic Fracturing Technology Conference. Society of Petroleum Engineers, 2007.

[4] Sharma M, Agrawal S. Impact of liquid loading in hydraulic fractures on well productivity[C]//SPE hydraulic fracturing technology conference. Society of Petroleum Engineers, 2013.

[5] Zolfaghari A, Dehghanpour H, Ghanbari E, et al. Fracture characterization using flowback salt-concentration transient[J]. SPE Journal, 2016, 21(1): 233-244.

[6] Dehghanpour H, Lan Q, Saeed Y, et al. Spontaneous imbibition of brine and oil in gas shales: Effect of water adsorption and resulting microfractures[J]. Energy & Fuels, 2013, 27(6): 3039-3049.

[7] 游利军,康毅力. 油气储层岩石毛细管自吸研究进展[J]. 西南石油大学学报(自然科学版),2009, 31(4): 112-116.

[8] 康毅力,杨斌,游利军,等. 油基钻井完井液对页岩储层保护能力评价[J]. 钻井工程,2013, 33(12): 99-104.

[9] 张星,毕义泉,汪庐山,等. 低渗透砂岩油藏渗吸采油技术[J]. 辽宁工程技术大学学报:自然科学版,2009(S1): 153-155.

[10] 杨胜来,李梅香,陈浩,等. 裂缝性油藏水驱过程中基质的动用程度及基质贡献率[J]. 石油钻采工艺,2011, 33(2): 69-72.

[11] 刘向君,戴岑璞. 低渗透砂岩渗吸驱油规律实验研究[J]. 钻采工艺,2008, 31(6): 110-112.

[12] 李士奎,刘卫东,张海琴,等. 低渗透油藏自发渗吸驱油实验研究[J]. 石油学报,2007, 28(2): 109-112.

[13] 李洪,李治平,王香增,等. 表面活性剂对低渗透油藏渗吸敏感因素的影响[J]. 石油钻探技术,2016, 44(5): 100-103.

[14] 李爱芬,凡田友,赵琳. 裂缝性油藏低渗透岩心自发渗吸实验研究[J]. 油气地质与采收率,2011, 18(5): 67-70.

[15] 闫凤林,刘慧卿,杨海军,等. 裂缝性油藏岩心渗吸实验及其应用[J]. 断块油气田,2014, 21(2): 228-231.

[16] 岳湘安,王尤富,王克亮. 提高石油采收率基础[M]. 北京:石油工业出版社,2007.

[17] 程林松,李丽,李春兰. 考虑水驱油藏润湿性变化的数值模拟方法[J]. 水动力学研究与进展,2003, 18(6): 786-791.

[18] 董波,兰林,陈智晖. 致密气藏岩石毛细管自吸特征研究[J]. 钻采工艺,2012, 35(6): 34-36.

[19] 钟新荣,黄雷,王利华. 低渗透气藏水锁效应研究进展[J]. 特种油气藏,2008, 15(6): 12-17.

[20] 蒋官澄,王晓军,关键,等. 低渗特低渗储层水锁损害定量预测方法[J]. 石油钻探技术,2012, 40(1): 69-73.

[21] 姚军,孙海,黄朝琴,等. 页岩气藏开发中的关键力学问题[J]. 中国科学:物理学 力学 天文学,2013(12): 1527-1547.

[22] Lal M. Shale stability: drilling fluid interaction and shale strength[C]//SPE Asia Pacific Oil and Gas Conference and Exhibition. Society of Petroleum Engineers, 1999.

[23] 邱正松,李健鹰,沈忠厚. 泥页岩水敏性评价新方法——比亲水量法研究[J]. 石油钻采工艺,1999, 21(2): 1-6.

[24] 陈勉,周健,金衍,等.随机裂缝性储层压裂特征实验研究[J].石油学报,2008,29(3):431-434.

[25] 石秉忠,夏柏如.硬脆性泥页岩水化过程的微观结构变化[J].东北石油大学学报,2011,35(6):28-34.

[26] Meng M, Ge H, Ji W, et al. Monitor the process of shale spontaneous imbibition in co-current and counter-current displacing gas by using low field nuclear magnetic resonance method[J]. Journal of Natural Gas Science and Engineering, 2015, 27: 336-345.

[27] Yang L, Ge H, Shen Y, et al. Imbibition inducing tensile fractures and its influence on in-situ stress analyses: a case study of shale gas drilling[J]. Journal of Natural Gas Science and Engineering, 2015, 26: 927-939.

[28] Yang L, Ge H, Shi X, et al. The effect of microstructure and rock mineralogy on water imbibition characteristics in tight reservoirs[J]. Journal of Natural Gas Science and Engineering, 2016, 34: 1461-1471.

[29] Yang L, Liu D, Ge H, et al. Experimental investigation on the effects of flow resistance on the fracturing fluids imbibition into gas shale[C]//SPE Asia Pacific Hydraulic Fracturing Conference. Society of Petroleum Engineers, 2016.

[30] Ge H K, Yang L, Shen Y H, et al. Experimental investigation of shale imbibition capacity and the factors influencing loss of hydraulic fracturing fluids[J]. Petroleum Science, 2015, 12(4): 636-650.

[31] Ballard T J, Beare S P, Lawless T A. Fundamentals of shale stabilisation: water transport through shales[J]. SPE Formation Evaluation, 1994, 9(2): 129-134.

[32] Mitchell J K. Fundamentals of SoilBehavior[M]. New York: Wiley, 1993.

[33] Fakcharoenphol P, Kurtoglu B, Kazemi H, et al. The effect of osmotic pressure on improve oil recovery from fractured shale formations[C]//SPE unconventional resources conference. Society of Petroleum Engineers, 2014.

[34] Yang L, Ge H, Shen Y, et al. Experimental research on the shale imbibition characteristics and its relationship with microstructure and rock mineralogy[C]//SPE Asia Pacific Unconventional Resources Conference and Exhibition. Society of Petroleum Engineers, 2015.

[35] Yang L, Ge H, Shi X, et al. Experimental and numerical study on the relationship between water imbibition and salt ion diffusion in fractured shale reservoirs[J]. Journal of Natural Gas Science and Engineering, 2017, 38: 283-297.

[36] 余红发,孙伟.混凝土氯离子扩散理论模型[J].东南大学学报:自然科学版,2006(s2):68-76.

[37] Sadeghi A M, Kissel D E, Cabrera M L. Estimating molecular diffusion coefficients of urea in unsaturated soil[J]. Soil Science Society of America Journal, 1989, 53(1): 15-18.

第二章 页岩气井特殊的返排动态特征

页岩气井具有特殊的返排动态，与常规储层存在较大不同，其中一个重要的原因是页岩具有特殊的储层特征。深入认识页岩储层特征、页岩气井返排动态规律对理解微观机理、指导工程实际具有重要意义。

第一节 页岩基本工程地质特征

一、渗透率

页岩的渗透率表征了在一定的压差作用下，允许流体通过的能力。压裂液吸收是伴随气水两相流动进行的，因此渗透率的大小直接决定了压裂液的吸收速率[1]。页岩储层属于超低渗透储层，液体在页岩中流动较慢，一般采用气测渗透率的方法评价页岩的渗透性，而气测渗透率值要明显地高于液测渗透率值。

不同储层岩心的渗透率分布和平均渗透率如图2-1和图2-2所示。从图中可以看出，龙马溪组页岩的渗透率在0.0001~0.001mD，平均值为0.00045mD；鲁家坪组页岩的渗透率在0.001~0.01mD，平均值为0.0024mD；牛蹄塘组页岩的渗透率在0.0001~0.001mD，平均值为0.0012mD。

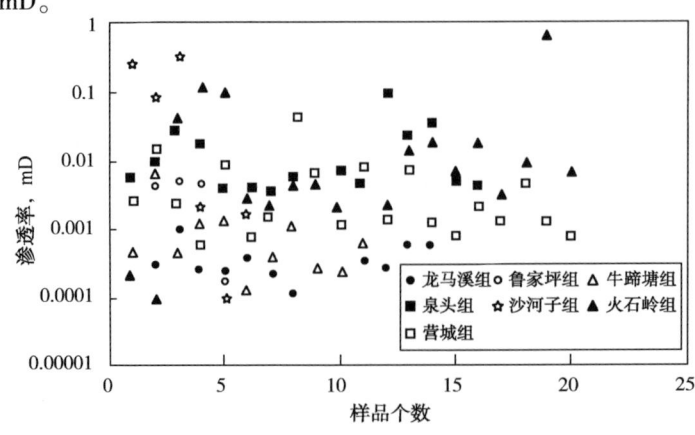

图2-1 不同储层的渗透率分布

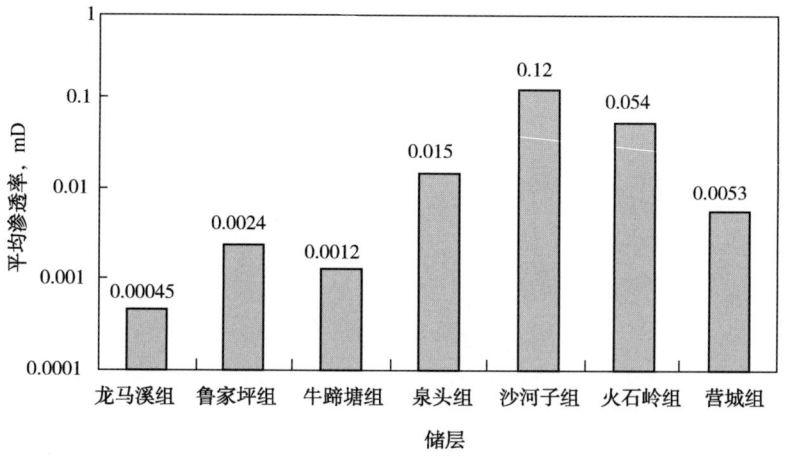

图 2-2 不同储层的平均渗透率

火山岩储层的渗透率明显高于页岩储层。泉头组火山岩的平均渗透率为 0.015mD，沙河子组火山岩的平均渗透率为 0.12mD，火石岭组火山岩的平均渗透率为 0.054mD，营城组火山岩的平均渗透率为 0.0053mD。火山岩储层的渗透率基本都低于 0.1mD，属于致密储层。

二、孔隙度

与渗透率相同，孔隙度也是人们在开发油气过程中最为关注的重要参数之一，其决定页岩储集能力的大小[2]。主要采用氦气孔隙度测试法对不同储层的孔隙度进行评价。

图 2-3 和图 2-4 显示了不同储层的孔隙度分布和平均孔隙度情况。从图中可以看出，龙马溪组页岩的孔隙度在 0.5%~0.9%，平均值为 0.65%；鲁家坪组页岩的孔隙度在 1.0%~1.3%，平均值为 1.2%；牛蹄塘组页岩的孔隙度在 1.0%~1.2%，平均值为 1.1%。与国外的 Barnett 页岩相比，3 个页岩储层的孔隙度较低，不利于页岩气的开采。

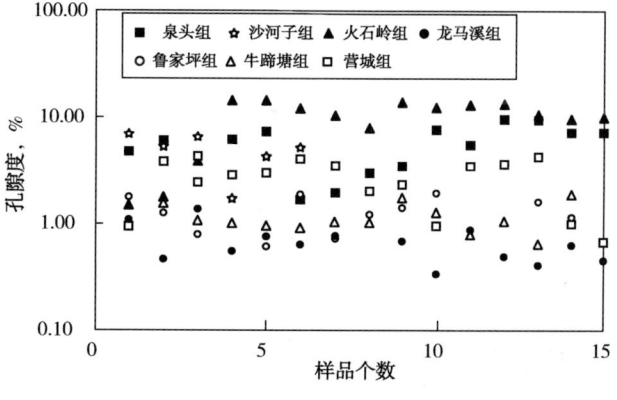

图 2-3 不同储层的孔隙度分布

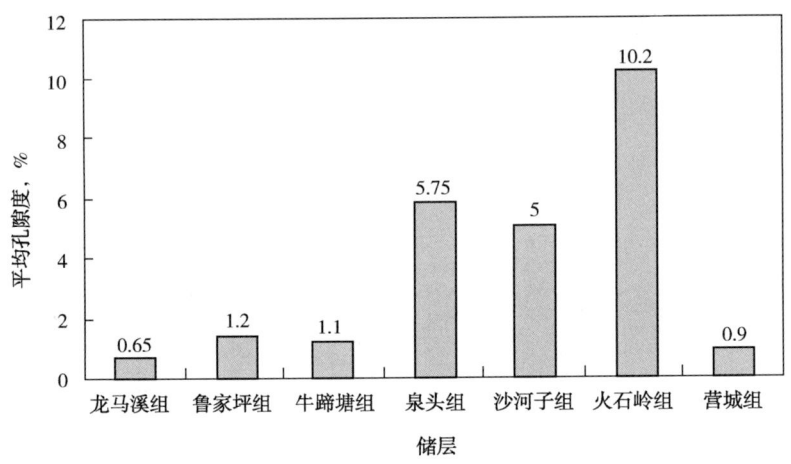

图 2-4　不同储层的平均孔隙度

三、初始含水饱和度

原始地层条件下岩石孔隙中水的体积与岩石有限孔隙体积的比值为初始含水饱和度。图 2-5 显示了不同储层密闭取心初始含水饱和度的统计结果，国内 3 个页岩储层的初始含水饱和度在 25%~32%，与国外页岩储层的初始含水饱和度接近。国内外研究成果表明，岩石孔隙结构越复杂，颗粒直径越小，泥质含量越高，则岩石壁面的毛细管滞水越多，束缚水饱和度越大。一般来说，页岩的束缚水饱和度在 70%以上，可见初始含水饱和度明显低于束缚水饱和度，具有超低含水饱和度的特点。致密火山岩储层的初始含水饱和度在 43%~55%，高于页岩储层。室内离心实验分析发现，致密火山岩储层的束缚水饱和度约为 65%。可见，中国致密火山岩储层普遍存在含水饱和度低的现象。然而，束缚水饱和度与初始含水饱和度的差值明显低于页岩。

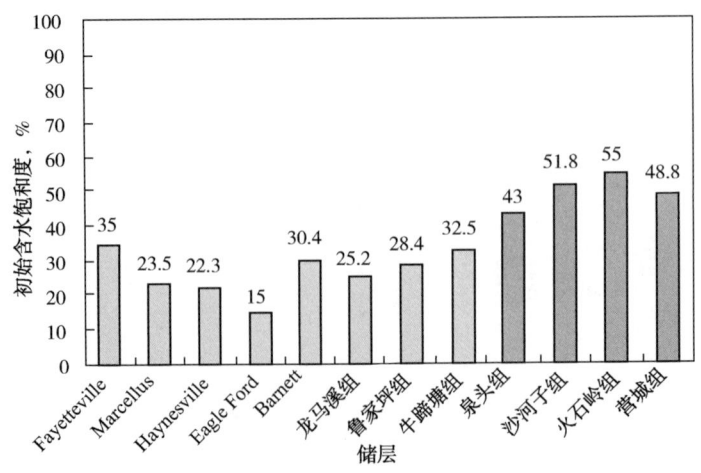

图 2-5　不同储层初始含水饱和度的统计结果

四、孔隙结构

页岩储层中的微纳米孔隙发育是流体储存和流动的主要空间。从微纳米尺度研究页岩储层的孔隙结构有助于深入理解压裂液与页岩的相互作用机理。页岩孔隙结构复杂,孔喉大小和形状各异,研究难度远远高于常规砂岩储层。为更加深入地研究储层的微观特征,需要采用更高精度的微观成像设备。美国 FEI 公司的 Helios NanoLab 650 双束电子—离子场发射电镜分辨率较高,可实现在 1~30kV 范围内的纳米分辨,并且可以观测纳米级的最复杂的结构。

图 2-6 至图 2-10 为不同储层岩石的 SEM 图。在扫描电镜下,可以看到大量的有机质,这与页岩富含有机质的特征相符;中国海相页岩(龙马溪组和鲁家坪组)有机质孔隙发育,连通性较好,与北美 Barnett 页岩非常相似。而长七段陆相页岩有机质中能零星地看到部分小孔,连通性较差,有机质孔隙发育程度明显低于海相页岩。营城组陆相致密火山岩有机质致密且有机质孔隙极度不发育,这主要与沉积环境有关,海相沉积的岩石水体比较稳定,热演化程度高,生烃排液过程比较完善;而对于陆相页岩和致密火山岩,水体变化剧烈,热演化程度低,生烃排液过程不完善,导致有机质孔隙不发育。

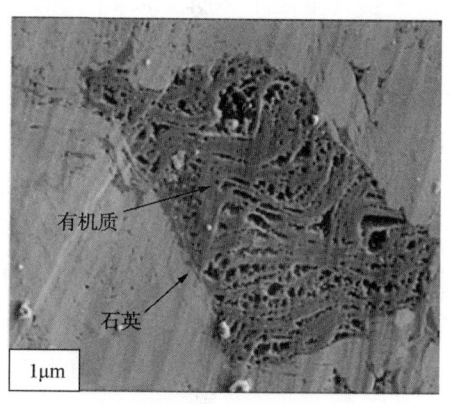

图 2-6 Barnett 海相页岩 SEM 图(据 Passey 等,2010)

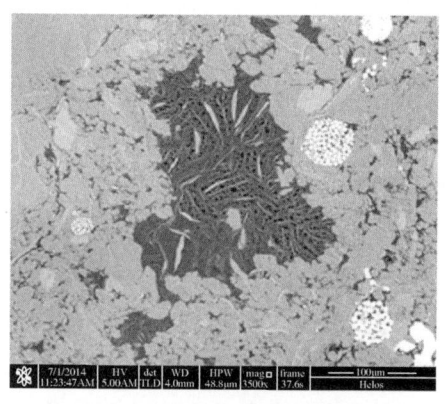

图 2-7 龙马溪组海相页岩 SEM 图

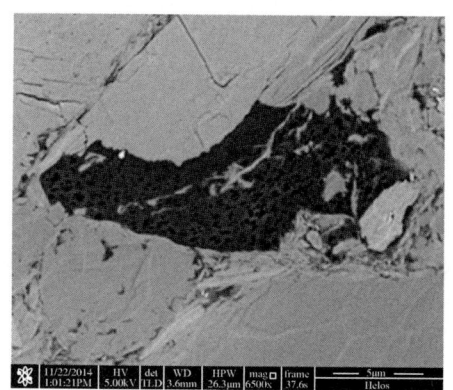

图 2-8 鲁家坪组海相页岩 SEM 图

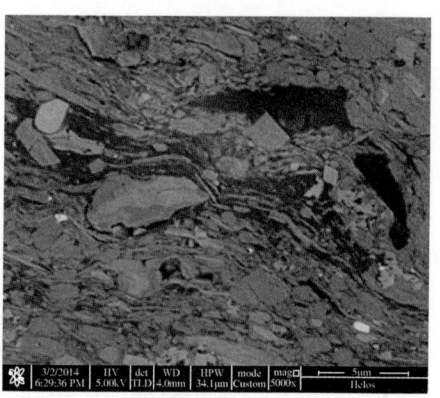

图 2-9 长七段陆相页岩 SEM 图

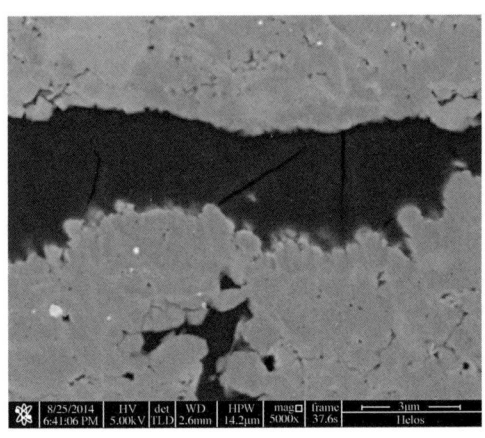

图 2-10 营城组致密火山岩 SEM 图

五、矿物组成

图 2-11 显示了研究区主力产层龙马溪组、鲁家坪组和牛蹄塘组的全岩矿物和黏土矿物类型分析结果。从图中可以看出，研究区页岩的黏土矿物含量位于 20%~60%；碳酸盐矿物的含量为 0~10%；石英和长石的含量在 60%~80%，具有较宽的分布范围。其中，鲁家坪组页岩黏土矿物的平均含量约为 20%（伊蒙混层占黏土矿物的 60% 左右），石英和长石含量约为 40%，碳酸盐矿物的含量约为 40%；牛蹄塘组页岩黏土矿物含量约为 30%（伊蒙混层占黏土矿物的 80% 左右），石英和长石含量约为 55%，碳酸盐矿物的含量约为 20%；龙马溪组页岩黏土矿物含量约为 40%（伊蒙混层占黏土矿物的 30% 左右），石英和长石含量约为 60%，碳酸盐矿物的含量约为 10%。可以看出，龙马溪组黏土矿物含量最高，鲁家坪组黏土矿物含量最少。文献调研发现，Barnett 页岩的黏土矿物含量为 30%~39%，石英含量为 29%~38%，其他矿物如方解石、长石、黄铁矿等共占 25%~30%。相比国外大部分的页岩，牛蹄塘组和鲁家坪组页岩的黏土矿物含量较低，碳酸盐矿物含量较高，与北美 Eagle Ford 页岩气区储层比较接近；而龙马溪组页岩与美国 Barnett 页岩储层接近。

从图 2-11(b) 中可以看出，鲁家坪组和牛蹄塘组黏土矿物类型以伊蒙混层为主，遇水容易发生膨胀分散，需要考虑压裂液的防膨性。而 QY1 龙马溪组和 YC7 龙马溪组黏土矿物以伊利石为主，遇水后力学性质会出现轻度的下降，但是水基压裂液对地层的伤害较小。

龙马溪组是主力优质产层，有必要对其全岩矿物进行更加细致、深入的分析。在上述龙马溪组 QY1 井和 YC7 井的基础上，增加周围研究区多口井的数据，如 YC4 井、YC6 井、QQ1 井、YC8 井和野外露头（图 2-12）。从图 2-12 中可以看出，黏土矿物含量主要集中在 20%~40%，碳酸盐矿物含量在 10%~20%，石英和长石含量为 40%~60%。而黏土类型变化较大，QY1 井和 QQ1 井的黏土矿物中的伊利石、伊蒙混层和绿泥石含量基本相等，而野外露头、YC6 井和 YC7 井的黏土矿物则主要以伊蒙混层为主，说明龙马溪组页岩储层横向变化大。

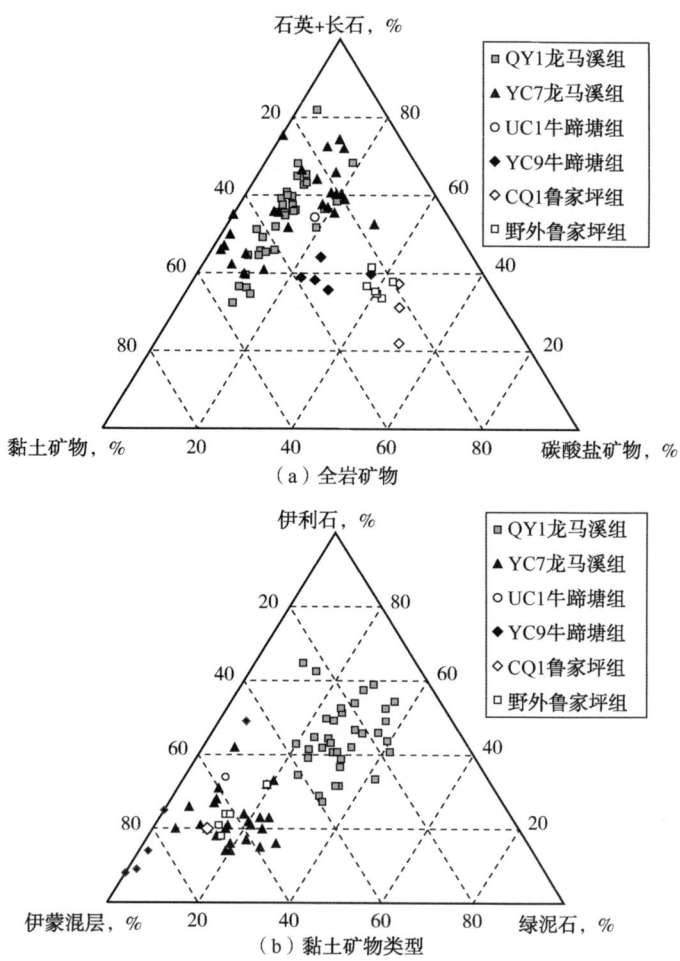

图2-11 龙马溪组、鲁家坪组、牛蹄塘组全岩矿物和黏土矿物类型分析

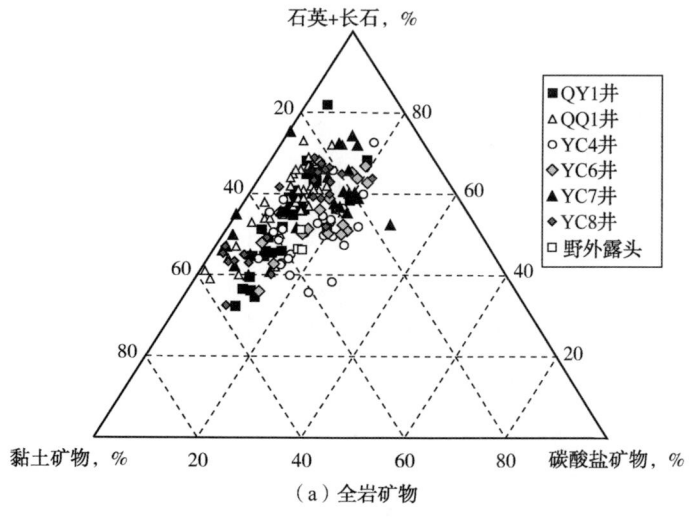

图2-12 龙马溪组全岩矿物和黏土矿物类型分析

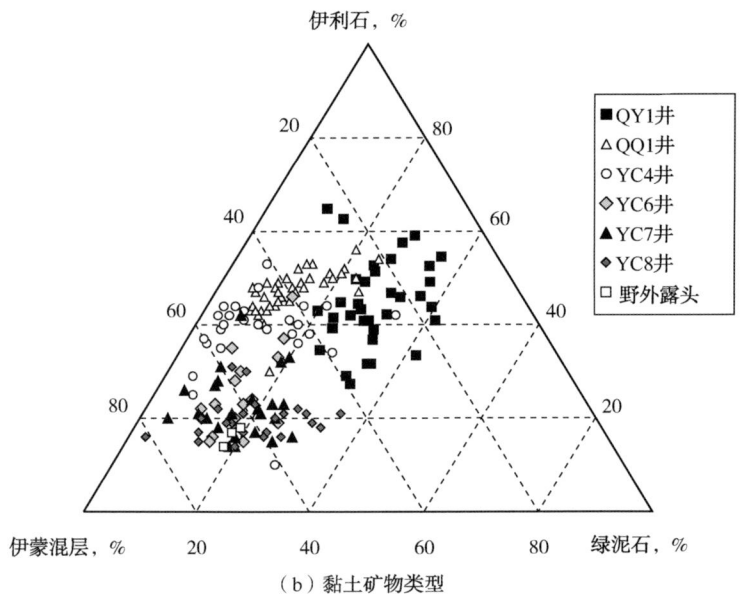

(b) 黏土矿物类型

图 2-12 龙马溪组全岩矿物和黏土矿物类型分析(续)

不同储层全岩矿物和黏土矿物相对含量如图 2-13 所示。从图 2-13(a)中可以看出,页岩与致密火山岩储层的黏土矿物含量比较接近。然而,页岩的碳酸盐矿物含量要明显高于致密火山岩,因此页岩的脆性和裂缝发育程度要高于致密火山岩,更适宜于进行大规模的缝网改造。图 2-13(b)表明,页岩储层的黏土矿物类型主要以伊蒙混层为主,其次是伊利石,绿泥石含量较低;致密火山岩储层黏土矿物类型主要以绿泥石为主,其次是伊蒙混层,伊利石含量较低。致密火山岩储层绿泥石的含量明显地高于页岩储层。

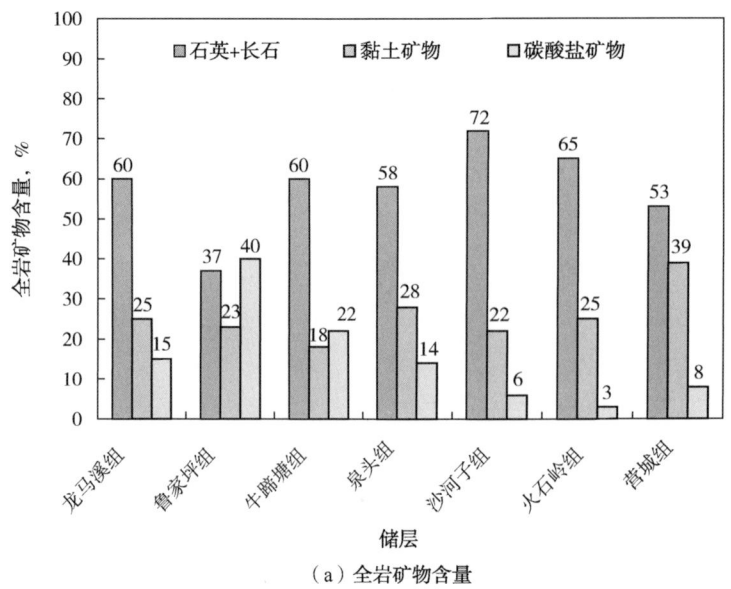

(a) 全岩矿物含量

图 2-13 不同储层全岩矿物和黏土矿物相对含量

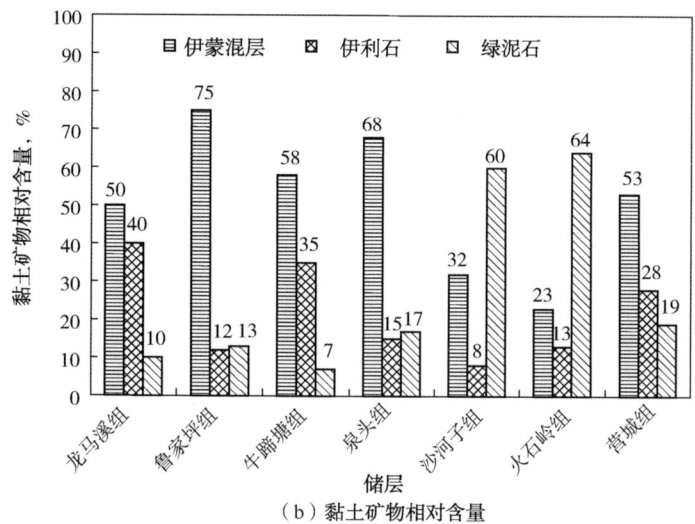

(b) 黏土矿物相对含量

图 2-13　不同储层全岩矿物和黏土矿物相对含量(续)

第二节　页岩气井压裂液返排率特征分析

国内外施工经验表明，页岩油气井压裂后压裂液返排率普遍较低(一般低于 30%)，页岩气的产量较高。然而，部分井的压裂液返排率较高，产量反而较低。这与传统的对储层伤害的认识不符。

为了解释返排率和气体产量的关系，需要借助复杂裂缝与简单裂缝系统进行分析[3]。水力压裂可以形成复杂的裂缝系统，包括水力裂缝(主裂缝)和激活的天然裂缝(次级裂缝)。压裂结束后，主裂缝中充满支撑剂和压裂液，而次级裂缝中主要充满水，主裂缝的孔径往往大于次生裂缝。返排初期，主裂缝具有更高的导流能力，因此其中的压裂液优先排出。然而，次级裂缝导流能力较低，且存在不均匀闭合等问题，导致压裂液难以返出，滞留在裂缝内。可见，次级裂缝迂曲度越高，形态越复杂，压裂液越难以流动。此外，滞留在次级裂缝中的压裂液在毛细管力和化学渗透压作用下吸入基质孔隙内。自发吸入的水能够置换孔隙中的气体，使得气体聚集在人工裂缝中，在返排初期迅速排出，从而提高了页岩气井的产量。复杂程度较高的人工裂缝，滞留的压裂液发生逆向渗吸的作用越强，更有利于页岩气井产量的提高[4]。此外，天然裂缝中往往富含气体，这些气体也会在返排阶段进入主裂缝中。

部分页岩气井返排率较高，产量反而较低，可以通过人工裂缝的复杂程度进行解释。图 2-14 为复杂裂缝与简单裂缝的对比示意图。简单裂缝以主裂缝为主，次级裂缝不发育，即天然裂缝的激活程度不高。因此，大量的压裂液滞留在主裂缝中，在返排初期迅速产出，导致返排率较高。然而，裂缝复杂程度低，压裂液与地层的接触面积小，逆向渗吸作用较弱，进而气体产量相对较低。此外，大量天然裂缝没有被激活，赋存在其中的气体难以进入主裂缝中，不利于气体的高效产出。

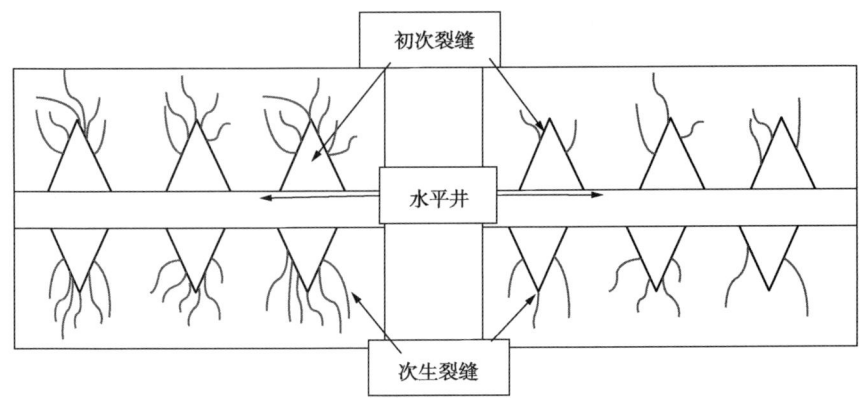

图 2-14　复杂裂缝与简单裂缝的对比示意图（据 Ghanbari，2015）

需要指出的是，并不是所有的页岩气井的返排率与产量遵循上述规律。现场经验表明，现场的部分页岩气井返排率较高，产量也较为可观；而有些页岩气井返排率较低，产量也非常低。可见，裂缝复杂程度和渗吸能力并不是决定返排率—产量关系的全部因素，而页岩储层的润湿性、黏土矿物含量、有机质含量及形态、孔隙结构等因素可能发挥重要作用。

第三节　页岩气井返排液盐度特征分析

图 2-15 展示了 MU-R1 井、OP-R1 井和 EV-L1 井的返出液总盐度随时间的变化情况。Mu-R1 井和 OP-R1 井返排液的盐度最初逐渐增加，然后在 40000μg/g 左右趋于稳定。EV-L1 井返排液的盐度在达到 70000μg/g 后仍继续增加。

返排液中的盐离子主要来源于页岩自身矿物和孔隙壁面结晶盐的溶解，而黏土矿物是影响页岩储层盐离子含量的关键因素。一方面，黏土矿物中含有大量可溶性的盐离子，遇水后可迅速溶解提高压裂液的盐度。同时，黏土矿物发生水化作用，附着在表面的可交换的阳离子也是返排液盐离子的重要来源。另一方面，地层条件下黏土晶层具有半透膜特性，即水分子可以自由通过，盐离子不能通过或只能部分通过。在页岩沉积、压实过程中，排出的地层水盐度较低，大量的盐分则留在页岩孔隙内部，并倾向于聚集在黏土矿物表面，形成高盐度的水膜或结晶盐。

研究发现，返出液的盐度与裂缝的形态关系密切。注入的压裂液盐度较低，与地层水、可溶矿物相互作用后，可明显提高压裂液的盐度。一般来说，主裂缝为压裂中劈开的新鲜断面，表面盐度取决于可溶矿物的含量，盐度相对较低。而次级裂缝中除含有可溶矿物外，还有沉积过程中滞留的高盐度地层水。返排初期，主裂缝中的低盐度压裂液迅速产出，之

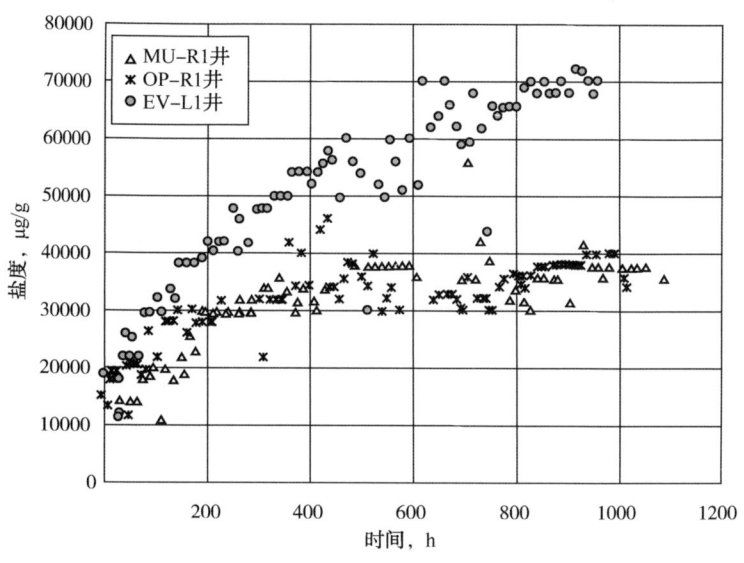

图 2-15 盐度随时间的变化情况（据 Ghanbari, 2015）

后次级裂缝中的高盐度压裂液逐渐返出。因此，返出液的盐度变化能够反映人工裂缝的复杂度。Zolfaghari 等根据 Fick 扩散定律，提出了基于返出液的盐度反演裂缝宽度的方法。结果表明，缝宽较小的次级裂缝越发育，返出液的盐度相对越高。

现场数据统计发现，不仅返出液的盐度会升高，返出液中的离子类型也会发生变化。Ba^{2+} 主要存在于次级裂缝中，其浓度变化能够很好地反映次级裂缝的发育程度。返排液中 Ca^{2+}/Na^+ 值也与次级裂缝发育程度密切相关。目前尚不清楚 Ba^{2+} 的来源。部分学者认为，沉积岩在变质过程中会释放 Ba^{2+}，也有学者发现 Ba^{2+} 来源于天然裂缝表面的盐晶体。

第四节 页岩气井焖井期间压力变化特征分析

水平井多级压裂是经济开采页岩气资源的重要技术，依靠大量滑溜水压裂储层产生复杂裂缝网络，以实现页岩储层体积压裂改造。现场施工经验表明，大规模体积压裂后焖井一段时间，页岩气产量反而会升高，这与焖井期间水带压渗吸置换气体有关。焖井期间，大量的压裂液渗吸进入页岩储层，导致井筒内压裂液减少，井筒压力下降（图 2-16）。

井筒内压力的衰减主要取决于页岩储层的带压渗吸能力，带压渗吸能力越大，井筒内压力衰减速度越快。储层的带压渗吸能力与人工裂缝形态、储层特征有关。理论上，如果建立压力衰减曲线特征与带压渗吸能力之间的关系，便可以通过井筒内测量得到的压力衰减曲线评估压裂后裂缝形态及储层特征。

压裂液受到压力，体积会减小，能量以弹性能的方式储存在压裂液中。当压裂液的体

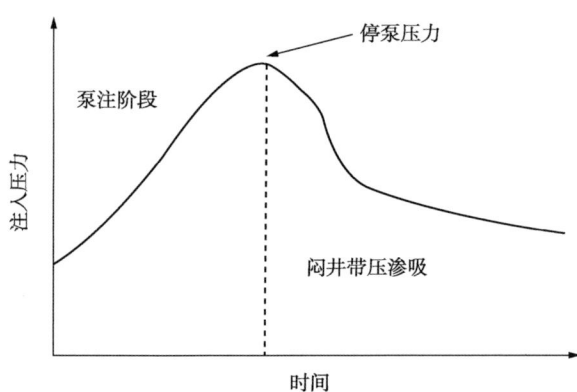

图 2-16 压裂前后注入压力随时间的变化情况

积增加时，能量开始释放，压力逐渐下降。根据能量守恒定律可得

$$p_0 v_0 = (p_0 - \Delta p)(v_0 + \Delta v) \tag{2-1}$$

式中 p_0——初始井筒内压力；

v_0——滞留在井筒和裂缝内初始压裂液的体积；

Δp——井筒内压力的变化；

Δv——吸入地层内压裂液的体积。

为了降低分析难度，假设带压渗吸与自发渗吸具有相同的物理规律，只是带压渗吸的速率高于自发渗吸速率，可知吸入地层的压裂液体积为

$$\Delta v = A \cdot A_c \cdot \sqrt{t} \tag{2-2}$$

式中 A——带压渗吸速率；

A_c——裂缝表面积；

t——焖井时间。

联立方程，可知人工裂缝的表面积为

$$A_c = \frac{p_0 v_0}{A(p_0 - \Delta p)} - \frac{v_0}{\sqrt{t}} \tag{2-3}$$

然而，带压渗吸的规律与自发渗吸存在一定差距，此外，焖井过程中压力处于衰减中。因此，采用自发渗吸的规律来描述带压渗吸会给人工裂缝表面积的计算带来较大误差，可通过搭建实验装置进行研究。图 2-17 为焖井实验模拟装置示意图。

首先，记录中间容器内的液体体积，通过 ISCO 泵向中间容器施加一定压力，关闭阀门，记录压力表数值随时间的变化。记录核磁共振 T_2 谱随时间的变化。建立压力衰减特征与储层带压渗吸能力的相关关系，目前对于该课题的研究还在进行中。此外，需要指出的是，部分页岩气井焖井期间，压力下降不明显甚至不变，这可能与页岩储层内发生逆向渗吸有关。在逆向渗吸过程中，吸入的水与排出的气体体积相等，可能导致压力变化不大，具体的微观机理尚不清楚，有待于进一步研究。

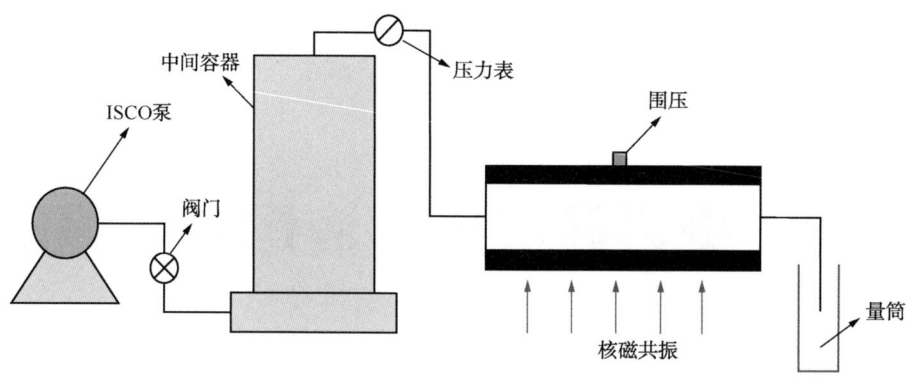

图 2-17 焖井实验模拟装置示意图

第五节 小 结

针对页岩储层工程地质特征和返排动态特征进行分析，得出主要结论如下：

（1）页岩具有低孔隙度、低渗透率和超低含水饱和度的特点，孔隙结构复杂且矿物组成多样，使得页岩的多孔介质传质、传热与常规储层岩石存在较大不同。

（2）页岩油气井的压裂后返排率普遍较低，一般低于30%，页岩气的产量较高。然而，部分井的压裂液返排率较高，产量反而较低。这与传统的储层伤害的认识不符。

（3）返出液的盐度与裂缝的形态关系密切。返排液中的盐离子主要来源于页岩自身矿物和孔隙壁面结晶盐的溶解，而黏土矿物是影响页岩储层盐离子含量的关键因素。

（4）井筒内压力的衰减主要取决于页岩储层的带压渗吸能力，带压渗吸能力越大，则井筒内压力衰减越快。储层的带压渗吸能力与人工裂缝形态和储层特征有关。理论上，如果建立压力衰减曲线特征与带压渗吸能力之间的关系，则可以通过井筒内测量得到的压力衰减曲线评估压裂后裂缝形态及储层特征。

参 考 文 献

[1] Passey Q R, Bohacs K, Esch W L, et al. From oil-prone source rock to gas-producing shale reservoir-geologic and petrophysical characterization of unconventional shale gas reservoirs[C]//International oil and gas conference and exhibition in China. Society of Petroleum Engineers, 2010.

[2] Ghanbari E. Water imbibition and salt diffusion in gas shales: a field and laboratory study[D]. Alberta: University of Alberta, 2015.

[3] Zolfaghari A, Dehghanpour H, Ghanbari E, et al. Fracture characterization using flowback salt-concentration transient[J]. SPE Journal, 2016, 21(1): 233-244.

[4] Sharma M, Agrawal S. Impact of liquid loading in hydraulic fractures on well productivity[C]//SPE hydraulic fracturing technology conference. Society of Petroleum Engineers, 2013.

第三章　页岩储层压裂液渗吸实验研究

页岩储层发育微纳米孔隙，毛细管力较高，与水基压裂液接触后会产生强渗吸作用，将大量的压裂液吸入页岩基质，这是引起页岩储层返排率较低的一个重要机理[1]。开展页岩储层压裂液渗吸实验，不仅有助于理解页岩储层压裂液吸收机理和评价流体—页岩相互作用程度，对预测返排率也具有重要意义。本章基于高精度室内自发渗吸实验装置，开展页岩与致密储层岩石的自发渗吸对比实验，定量研究压裂液在页岩储层中渗吸速率、渗吸能力和渗吸曲线特征，并分析页岩物性特征、矿物组成和压裂液成分对压裂液渗吸的影响，提出适用于页岩储层压裂液渗吸实验的数据归一化处理方法。

第一节　页岩储层压裂液渗吸实验装置及方法

一、实验材料

实验样品分别取自鄂尔多斯盆地、松辽盆地和四川盆地，基本的地层信息见表 3-1。页岩与致密岩石的全岩矿物组成见表 3-2。同一地层的样品取自同一大块的岩心样品，岩心取出地层后直接进行了封存。由于层理面对渗吸速率影响较大，因此实验中采用的所有样品都是垂直地层方向钻取得到的。然而，由于岩心本身脆性和裂缝发育程度的不同，并不能保证所有的样品都可以钻成圆柱形状，部分样品采用切割的加工方式将样品加工成长方体。在后期的实验数据处理过程中，可以将样品尺寸和形状参数进行归一化处理。

实验采用的流体主要为蒸馏水、质量分数为 10% 的 KCl 溶液和质量分数为 2.5% 的阳离子表面活性剂。环氧树脂具有耐高温、不透水和强度高的特点，可以通过环氧树脂来控制吸水面。根据岩心封固方式的不同，可以将样品边界条件分为三类单面渗吸（OEO）、全面渗吸（AFO）和两面渗吸（TEO）。根据不同的现场模拟的需要，采用不同的岩心封固方式开展实验。

表 3-1 致密储层的地层信息

编号	地层	岩性	深度，m	来源	地质年代
S	上石盒子组	致密砂岩	2120	鄂尔多斯盆地	早二叠纪
H	火石岭组	致密火山岩	2523	松辽盆地	下侏罗纪
UY	上营城组	致密火山岩	3524	松辽盆地	下侏罗纪
LY	下营城组	致密火山岩	3557	松辽盆地	下白垩纪
L	鲁家坪组	页岩	1235	四川盆地	下寒武纪
LM	龙马溪组	页岩	786	四川盆地	下志留纪
N	牛蹄塘组	页岩	895	四川盆地	下寒武纪

表 3-2 全岩矿物和黏土矿物类型分析结果

编号	黏土矿物相对含量，%					全岩矿物相对含量，%				
	蒙脱石	伊利石	伊蒙混层	绿泥石	高岭石	黏土矿物	石英	长石	方解石	白云石
S	0	100.0	0	0	0	10.3	32.2	26.4	5.1	25.8
H	0	10.5	0	89.5	0	34.2	1.3	61.5	3	0
UY	0	16.8	74.9	8.3	0	74.9	13.2	11.9	0	0
LY	0	7.9	78.0	11.1	2.9	47.8	40.6	11.6	0	0
L	7.6	23.6	53.2	8.0	7.6	23.7	29.4	7.2	24.7	14.9
LM	4.3	15.9	62.3	8.7	8.7	36.9	40.3	8.8	7.5	6.5
N	3.4	5.2	78.9	12.4	0	23.3	31.2	15.8	11.5	18.2

二、实验步骤

图 3-1 为自发渗吸实验装置示意图。实验流程如下：

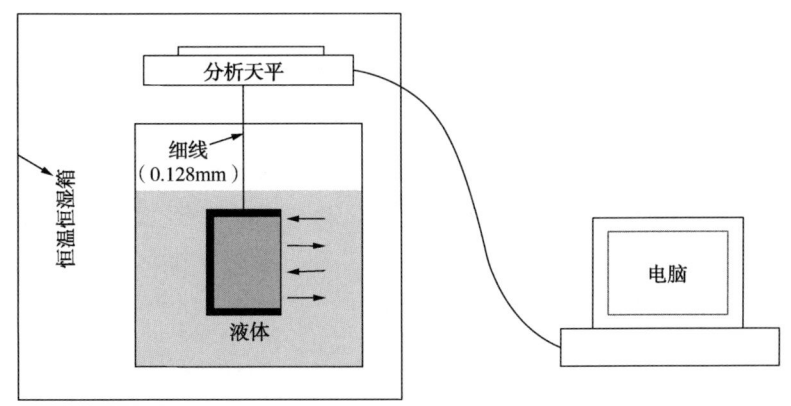

图 3-1 自发渗吸实验装置示意图

（1）实验前将样品清洗干净，在 105℃下烘干，直到质量不再变化（约需 24h）。记录样品的原始干重和样品尺寸。

(2) 用环氧树脂和固化剂将岩心柱面和一个端面封固。

(3) 将岩心连接到电子天平上，浸没于液体中。

(4) 使用精度为 0.0001g 的天平连续称量样品质量随时间的变化，1min 记录一次数据，将数据传输至电脑。

(5) 天平记录的样品质量减去初始的样品质量即为吸入的液体质量，由于液体的密度已知，因此可以计算得到样品的吸入体积。

(6) 绘制单位面积的吸入液体体积随时间的平方根的变化曲线和累计吸入体积随时间的变化曲线，分析实验结果。

三、精度控制

由于致密岩石的吸水速率相对较低，实验结果容易受到测试环境和仪器的影响，因此需要采取一定的措施降低实验过程中的误差以提高实验精度。措施如下：

(1) 考虑到含气页岩同向自吸（co-current）和逆向自吸（counter-current）对实验结果的规律性并没有很大的影响，而在逆向渗吸实验中，样品完全浸没于液体中，测试误差较低，采用逆向渗吸实验装置开展页岩压裂液渗吸实验。

(2) 采用精度为 0.00001g 的测试天平，以保证在测试小岩石样品时具有较高的测试精度。

(3) 样品被一条极细的、无弹性的、不渗水的线悬挂，线的直径约为 0.128mm，降低实验过程中液面下降对实验结果的影响。

(4) 实验装置放置在恒温恒湿箱中，以降低空气流动、外部温度和湿度的变化对实验结果的影响。

四、数据分析

实验中采用的样品大小和形状不同，因此需要借助数学模型对实验结果进行归一化处理。压裂液的吸入速率和最大吸入能力是压裂液返排分析中比较关注的两个参数，可以用渗吸速率和渗吸能力来表征。一般采用以下两种坐标系进行实验结果处理。

(1) 致密岩石吸水能力的大小与样品尺寸、孔隙度和矿物组成等有关。应用因次分析法对压裂液吸收能力的影响因素进行分析，研究发现，单位孔隙体积的吸水量与渗吸时间的关系曲线在表征渗吸能力方面具有一定的优势。

(2) 根据 Handy 模型，渗吸速率 A_i 可采用坐标系 $V_{imb}/A_c - \sqrt{t}$ 中的曲线斜率来表征。

$$A_i = \sqrt{\frac{2 p_c \phi K S_{wf}}{\mu_w}} \quad (3-1)$$

式中 A_i——渗吸速率，$cm/h^{0.5}$；

p_c——毛细管力，Pa；

ϕ —— 孔隙度，小数；

K —— 渗透率，mD；

μ_w —— 水的黏度，mPa·s；

S_{wf} —— 前缘含水饱和度，小数。

为了能够更好地分析孔隙度和渗透率对渗吸速率的影响，需要将渗吸实验数据转换到双对数坐标系下：

$$\lg A_i = \frac{1}{2}\lg \frac{2 p_c K S_{wf}}{\mu_w} + \frac{1}{2}\lg \phi \tag{3-2}$$

$$\lg A_i = \frac{1}{2}\lg \frac{2 p_c \phi S_{wf}}{\mu_w} + \frac{1}{2}\lg K \tag{3-3}$$

可见，在双对数坐标系下，渗吸速率与孔隙度和渗透率均为线性关系，斜率为0.5。然而，实验测试结果与理论预测结果往往存在较大的偏差，可以通过偏差的大小来分析常规的Handy模型在页岩储层中的适用性。

Handy模型是基于毛细管力为唯一驱动力的假设建立起来的。然而，实验发现，黏土矿物渗透压以及微纳米毛细管壁面的阻力对自发渗吸的影响很大，为了能够分析渗吸驱动力大小及影响因素，需要应用因次分析法对方程进一步处理：

$$p_e = \frac{A_i^2 \mu_w}{2 K \phi S_{wf}} = \alpha \frac{\mu_w}{2 S_{wf}} \tag{3-4}$$

其中α为驱动力系数，单位为1/s，表征有效驱动力的大小。有效驱动力为渗吸驱动力与摩擦阻力的差值，可以通过实验数据计算得到式(3-4)。

第二节　页岩储层渗吸特征表征理论与方法

由于样品尺寸和形状的影响，渗吸能力和渗吸速率无法在同一个图形中表征出来，为压裂液渗吸实验结果的分析带来了不便。渗吸能力和渗吸速率是岩石本身的特征参数，与样品的尺寸和形状无关，因此需要发展一种实验数据处理新方法，将样品尺寸和形状的影响归一化处理，更好地反映岩石本身的属性特征。本节对比研究了四种常规渗吸表征方法的优点和缺点，提出能够同时表征渗吸能力和渗吸速率的半经验表征方法，定量研究页岩储层的压裂液渗吸特征。

一、四种常规渗吸表征方法

对页岩储层而言，渗吸为水相自发驱替气相的过程。Handy将岩石孔隙结构假设为平直毛细管束，忽略前缘气相压力梯度和重力影响，给出了常规砂岩储层的渗吸表征模型。目前大多数的渗吸模型及表征方法都是在Handy模型的基础上发展起来的。

Ma 等分别研究了储层的孔隙度、渗透率、样品特征长度以及流体的黏度等对渗吸的影响，提出了用无量纲时间来表征渗吸实验结果；Olafuyi 等利用含水饱和度 S_w 与时间的平方根 $t^{0.5}$ 坐标系对渗吸结果进行表征，用于分析渗吸采收率的影响因素；Makhanov 等引入渗吸速率 A_i 表征渗吸的快慢，渗吸更多的是反映一种综合属性，主要与岩石和流体本身的性质有关；Sun 等基于样品质量随渗吸时间的变化曲线来分析页岩渗吸特征，提出页岩的渗吸具有两个吸水速率——初期速率和后期速率。

采用早侏罗系火石岭组致密火山岩样品（H-1、H-2 和 H-3，彼此尺寸不同）的渗吸实验结果来对比研究四种常见的渗吸方法在表征压裂液渗吸方面的应用情况（图 3-2）。岩石对压裂液的最大渗吸能力、渗吸速率和渗吸曲线特征反映了岩石本身的属性特征，准确表征这三个方面是评价渗吸表征方法适用性的标准[2]。Ma 法能够将岩心尺寸和大小的影响进行归一化处理，却无法表征渗吸的速率，且页岩储层岩石孔隙度和渗透率极低，物性参数难以准确获取，导致无量纲法在现场推广难度大[图 3-2（a）]；Olafuyi 法能够较好地表征压裂液的最大渗吸能力，然而由于受到岩心尺寸的影响，三条致密岩石的渗吸曲线难以重合到一起，曲线斜率并不能反映岩石吸水快慢的特性[图 3-2（b）]；Makhanov 法能够较好地表征压裂液的渗吸速率，然而由于受到岩心尺寸的影响，曲线的最高点无法重合，并不能反映岩石本身最大渗吸能力的属性[图 3-2（c）]；Sun 法可以表征初期速率和后期速率，然而由于两者受样品尺寸的影响，并不能反映岩石吸水快慢的特性[图 3-2（d）]。

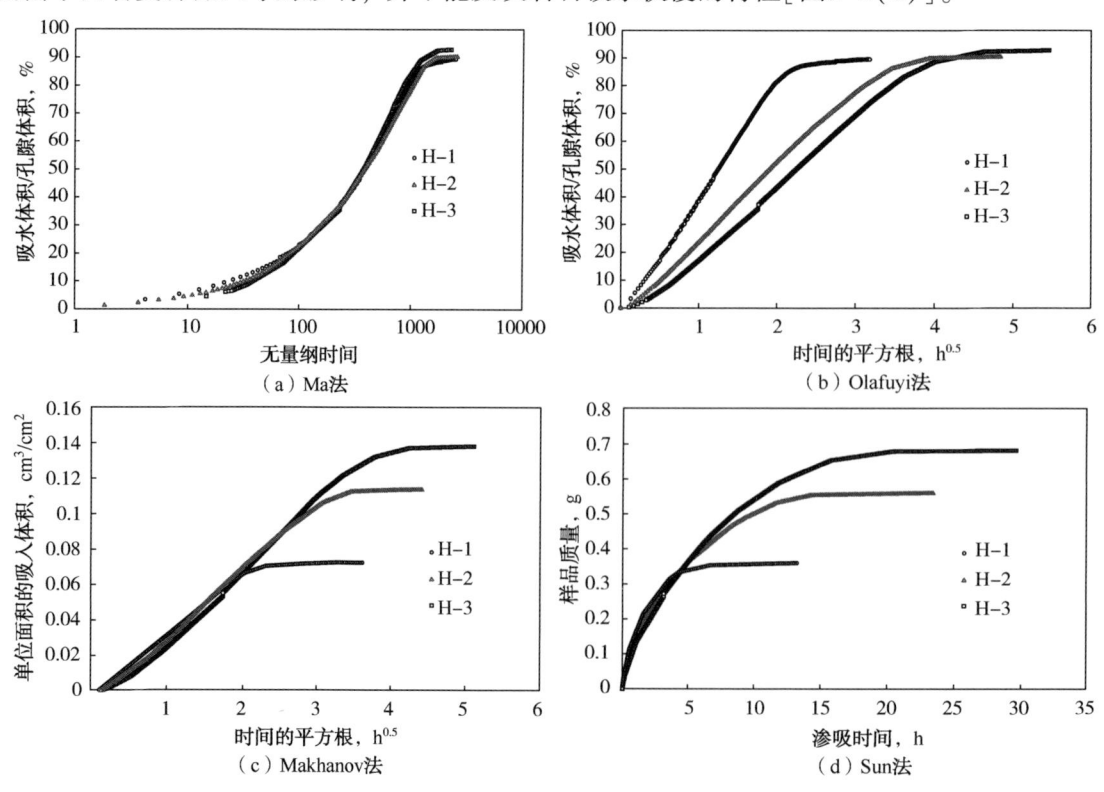

图 3-2　四种常见的渗吸表征方法

页岩储层孔隙结构和微观矿物组成复杂，目前的模型多是基于常规岩石建立起来的。对页岩储层而言，还没有形成简便而又有效的模型及表征方法。

二、页岩储层压裂液渗吸实验数据处理方法

本节旨在发展一套利用自发渗吸实验结果综合评价压裂液渗吸能力、渗吸速率和渗吸曲线特征的方法，消除实验样品和实验方法对测试结果的影响，从而稳定地获取储层岩石本身的渗吸特征参数，更好地满足理论研究和现场分析的需要。

假设自发渗吸为一维活塞式驱替，一般为三种情况：单面逆向渗吸、双面逆向渗吸和同向渗吸（图3-3）。为了能够从 Handy 模型推导出压裂液渗吸的表征方法，需要借助特征长度 L_c 来归一化压裂液吸入深度。对一维渗吸而言，特征长度 L_c 为初始的渗吸面到非流动边界面的距离（图3-3）。换句话说，特征长度为渗吸前缘遇到非流动边界或其他渗吸前缘的最近距离。页岩储层压裂液渗吸过程为气水两相流动，忽略重力的影响，单位面积上的吸水体积为

$$\frac{V_{\text{imb}}}{A_c} = \sqrt{\frac{2 p_c \phi K_w S_w}{\mu_w}} \sqrt{t} \tag{3-5}$$

方程两边同时除以特征长度 L_c，得到单位体积的吸水量：

$$\frac{V_{\text{imb}}}{A_c L_c} = \frac{1}{L_c}\sqrt{\frac{2 p_c \phi K_w S_w}{\mu_w}} \sqrt{t} \tag{3-6}$$

为了保证实验结果能够很好地反映渗吸速率 A_i，对方程进一步处理：

$$\frac{V_{\text{imb}}}{A_c L_c} = \sqrt{\frac{2 p_c \phi K_w S_w}{\mu_w}} \sqrt{\frac{t}{L_c^2}} \tag{3-7}$$

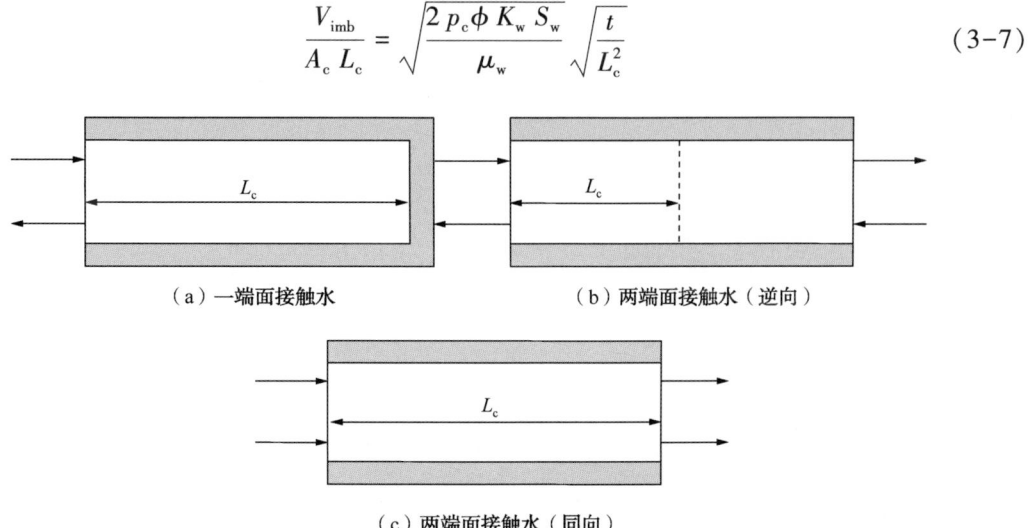

（a）一端面接触水　　　　　（b）两端面接触水（逆向）

（c）两端面接触水（同向）

图3-3　不同边界条件的一维渗吸

对方程简化后：

$$C = A\sqrt{\frac{t}{L_c^2}} \quad (3-8)$$

式中 C——吸水量与岩石烘干后的体积之比，小数。

为了更好地表征压裂液渗吸特征，需要引入几个重要的特征参数。自发渗吸是润湿相液体自发驱替非润湿相气体的过程，因此最大吸液能力可以用气体的采收率来表征，即单位孔隙体积的吸水量或者单位孔隙体积驱替出的最大气体体积。然而，对页岩储层而言，孔隙度测试存在一定误差，影响了单位孔隙体积的吸水量的计算精度。相比而言，渗吸能力 C 在表征基质对压裂液吸收方面是一个更为直接的参数，可以避开孔隙度的问题，该参数的应用性更强，对描述页岩储层压裂液渗吸具有重要的意义；渗吸速率 A_i 是流体与岩石性质的综合反映，能够很好地表征渗吸的快慢；扩散速率 A_d 能够反映吸入水向基质深部扩散的快慢，这是页岩储层不同于常规储层的一个重要参数，将会在下文中进行介绍。

页岩样品选取四川盆地下寒武纪鲁家坪组页岩地层，并与中国典型的致密储层（早二叠纪下石盒子组常规砂岩、早侏罗纪火石岭组致密火山岩和下白垩纪营城组致密火山岩）进行对比，利用新的评价方法[式(3-8)]对四种岩心的自发渗吸实验数据进行处理（图3-4）。新方法可以进行不同致密岩石的对比和评价，曲线斜率越大，表明渗吸速率越高，渗吸速率的相对关系为致密砂岩(S)>致密火山岩(H)>致密火山岩(Y)>页岩(L)。曲线的峰值越大，表明渗吸能力越大，渗吸能力的相对关系为致密火山岩(H)>致密砂岩(S)>致密火山岩(Y)>页岩(L)。值得注意的是，对于致密火山岩(Y)和页岩(L)，其孔径大大小于致密砂岩(S)，具有更高的毛细管力。然而，渗吸速率却明显低于致密砂岩(S)，这说明了致密岩石中渗吸速率不仅取决于毛细管力等驱动力，摩擦阻力的影响也不可忽视。

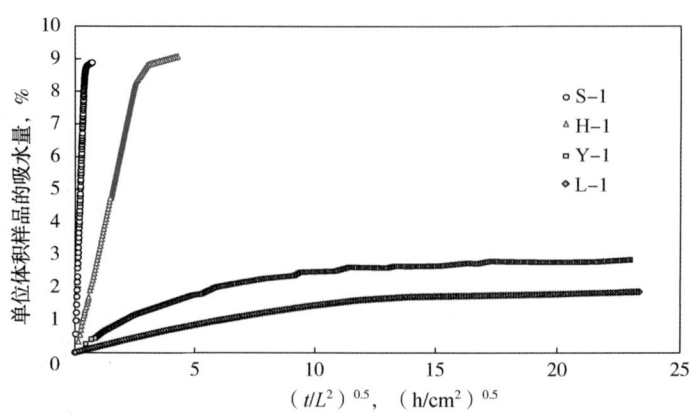

图3-4 四种岩心的自发渗吸曲线对比

第三节 页岩储层渗吸特征及微观控制机理

基于毛细管力和化学渗透压诱发渗吸的理论，分析页岩储层压裂液渗吸特征及微观机理。页岩样品选取四川盆地下寒武纪鲁家坪组页岩地层，并与中国典型的致密储层（早二叠纪下石盒子组常规砂岩、早侏罗纪火石岭组致密火山岩和下白垩纪营城组致密火山岩进行对比），利用新的评价方法[式（3-8）]对四种岩心的自发渗吸实验数据进行处理[3]（图3-5）。可以看出，虽然实验采用的致密岩石岩性差别很大，仍然可以发现致密储层具有相同的整体特征，明显分为三段：初期渗吸段（Ⅰ区）、过渡段（Ⅱ区）和后期扩散段（Ⅲ区）。在早期的自发渗吸阶段，吸入量随时间的增加而迅速增加；在中期过渡阶段，吸水速度慢慢减缓；进入后期扩散段后，吸入量增加的趋势大大降低。

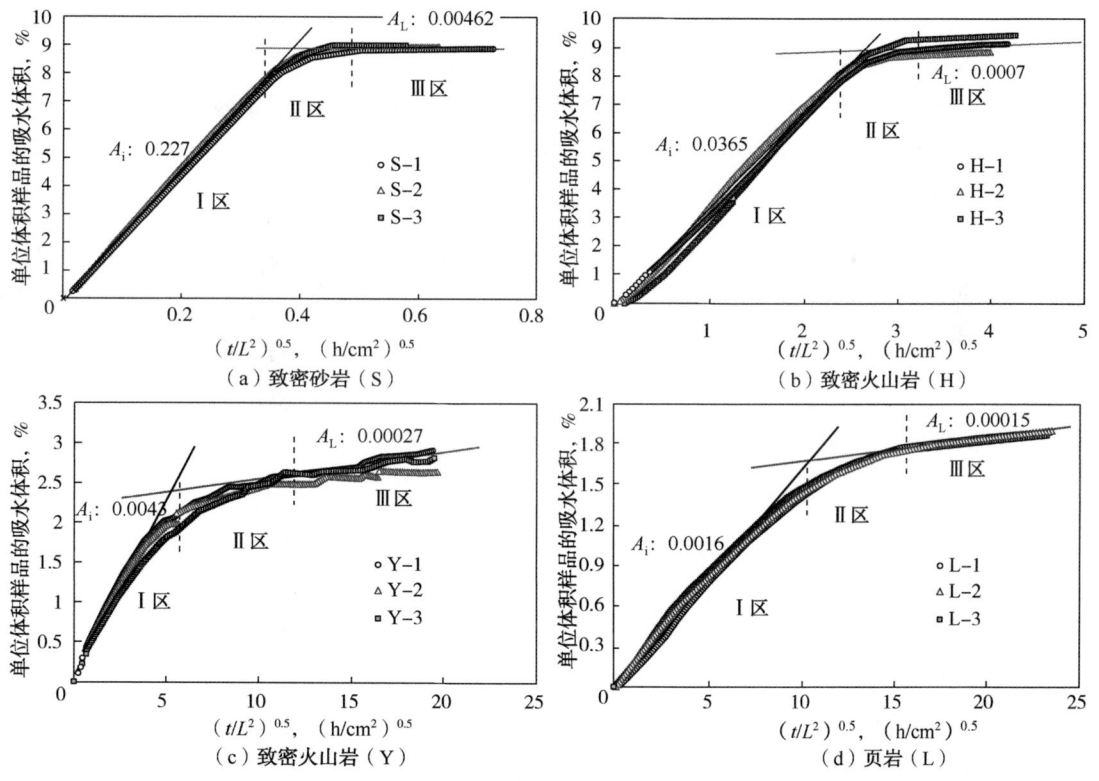

图3-5 不同致密岩石自吸能力与$(t/L^2)^{0.5}$的关系

在常规的储层中，自发渗吸的驱动力为毛细管力，小孔具有更高的毛细管力，水倾向于优先进入小孔。然而，致密岩石发育微纳米孔隙，孔喉弯曲度、孔隙壁面粗糙度和边界层厚度等对水的流动会产生很大的阻碍作用，而且孔径越小，流动阻力越明显[4]。因此，在微纳米孔隙（直径小于0.2μm）中，水只依靠毛细管力作用是难以流动的。然而，页岩富含黏土矿物，在化学渗透压作用下，水分子能够进入黏土颗粒之间（10～100nm）和黏土晶格间（<10nm）。致密岩石自发渗吸初期，在毛细管力和渗透压联合作用下，吸水作用主要发生在直径大于 0.2μm 的孔隙内。随着含水饱和度的提高，毛细管力大幅度降低，渗透压作用下的介孔和微孔渗吸作用渐渐趋于明显，自发渗吸的过程则经过渡段进入后期扩散段。后期扩散段吸入量变化十分小，然而具有稳定增长的趋势。初期渗吸段和后期扩散段的斜率分别代表渗吸段和扩散段的吸水快慢。

一、渗吸特征与微观结构的关系

虽然致密砂岩、火山岩、页岩的自发渗吸形态总体特征为三段式，然而，不同岩性储层的自发渗吸曲线的形态变化很大，尤其是前期渗吸段。对于常规的高渗透储层岩石，Lucas（1918）和 Washburn（1921）认为，液体吸入的实际长度随时间变化的关系满足 $l—t^{0.5}$。Lam 和 Horvath 认为 Lucas-Washburn 方程（以下简称 LW 方程）并不能很好地表征致密储层渗吸结果，不连通的孔隙网络通常出现在低渗透的致密岩石中，因此大部分的时间指数低于 0.5。一般认为时间指数小于 0.5 表明孔隙连通性较差，Hu（2012）指出 Barnett 页岩在自发渗吸对数曲线中吸水指数较低（为 0.26），该数值表明基质孔隙连通性差，低孔隙连通性对流体的移动和化学作用都有影响。LW 方程建立在平直毛细管束基础之上，而致密储层岩石自吸流线往往是弯曲的，孔隙连通性差，迂曲度增加，阻力也增大，时间指数会低于 0.5。然而还有许多的渗吸实验结果得出时间指数超过预测值，如 0.7（Rappoport，1955）和 0.6（Mattax，1962）。Cai 和 Yu（2011）引入分形理论，改进了经典的 LW 方程，首次解析建立了渗吸时间指数理论模型，被称为 LW-Cai-Yu 分形模型，进一步从理论上将时间指数限制在 0.17～0.5。

Hu 等发现在忽略重力作用时，吸入量与时间的关系模型可以简化为

$$\frac{V_{imb}}{A_c} = A_i t^{n_i} \tag{3-9}$$

$$\lg \frac{V_{imb}}{S_A} = \lg A_i + n_i \lg t \tag{3-10}$$

其中 n_i 为时间指数，与孔隙或者微裂隙的分形维数和连通性有关，小数。基于式(3-9)对四种岩石的渗吸数据进行分析（图3-6），渗吸指数并不像常规储层岩石那样为 0.5，而是在 0.5 附近波动，这能够很好地解释不同的致密岩石在坐标系 $V_{imb}/(A_c L)—(t/L^2)^{0.5}$ 具有不同的曲线形态。

扩散指数 n_d 为渗吸后期扩散段的时间指数，常规的储层一般不存在明显的扩散段，因此目前的研究很少提及。然而致密储层孔隙结构复杂，具有丰富的宏孔、介孔和微孔，而后期扩散段正反映了渗透压将水分子吸入介孔和微孔的过程，这是页岩储层与砂岩储层一个非常大的不同点。

图3-7 显示了不同岩石样品的孔径分布情况。孔径分布结果主要通过压汞计算获得。

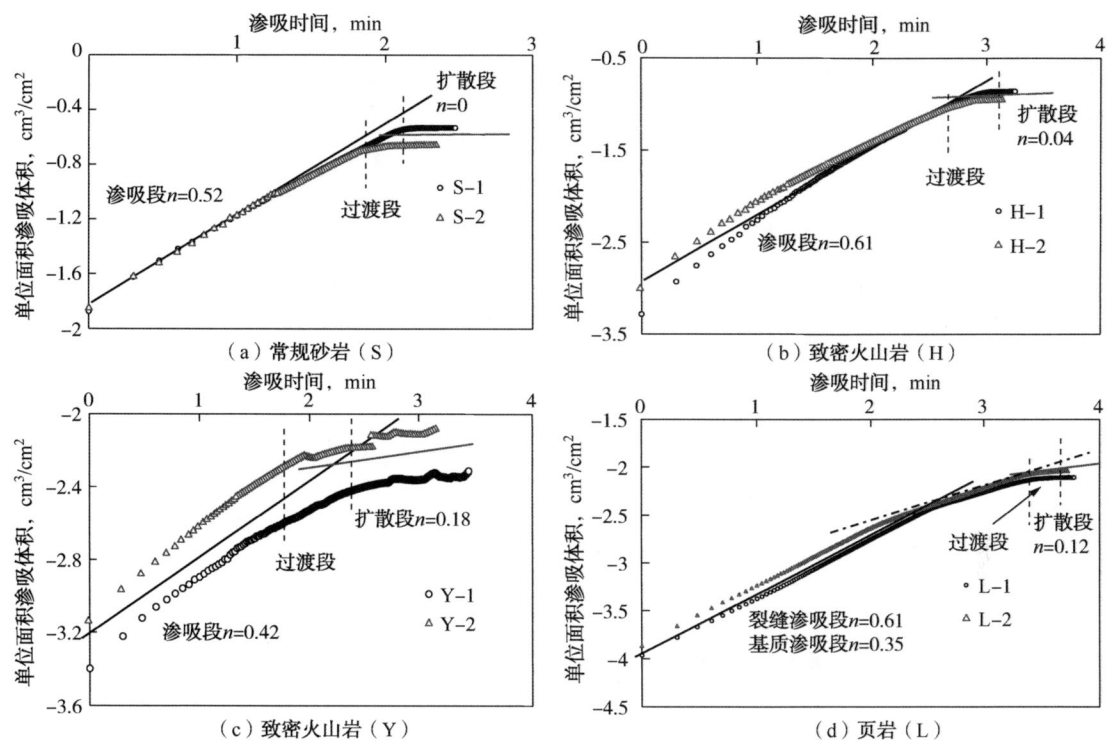

图 3-6 单位面积的吸水量与时间的双对数曲线

使用的压汞仪型号为 Micromeritics Auto Pore Ⅳ 9500 Series，压力为 0.013~430MPa。但是，对于页岩和致密岩石，汞的注入压力过高且后期会引起岩石样品孔隙结构破坏，因此页岩和致密岩石的压汞测试也存在较大的局限性。汞只能进入超过 3~4nm 的孔径，换句话说，压汞只能测试超过 3~4nm 的孔径分布。根据国际孔径分布方法，大于 50nm 的孔为宏孔，2~50nm 的孔为介孔，小于 2nm 的孔为微孔。一般来说，微孔是无法被压汞测量到的，但是可以通过介孔的发育程度来推测。介孔相对发育的岩石，倾向于微孔也发育。本节主要将孔径分为两类——宏孔和介/微孔。

为了能够量化研究孔径分布与渗吸特征的关系，这里采用峰值表征孔径分布。致密砂岩(S)、致密火山岩(H)、致密火山岩(Y)和页岩(L)宏孔的峰值孔径分别为 2850nm、554nm、50nm 和 60700nm(在图 3-7 中使用实心方块标注)。介/微孔的孔径分别为 59nm、31.7nm、3.29nm 和 4.53nm(在图 3-7 中使用空心方块标注)。图 3-8 显示了时间指数与峰值孔径的关系。从图 3-8(a)中可以看出，宏孔越发育，初始的渗吸指数越高。然而，致密火山岩(H)却偏离了这一趋势，其宏孔峰值孔径低于致密砂岩，但是时间指数却高于致密砂岩，这是因为致密火山岩(H)有较高的黏土矿物含量，提高了渗吸速率。此外，致密火山岩(H)的渗吸指数为 0.6(明显超过 0.5)。时间指数超过 0.5，更多的是反映出良好的孔隙连通性和高黏土矿物含量的叠加效果。从图 3-8(b)中可以看出，介/微孔越发育，后期段的扩散越高，这也证明了渗吸的后期扩散段可以反映小孔的渗吸特征。

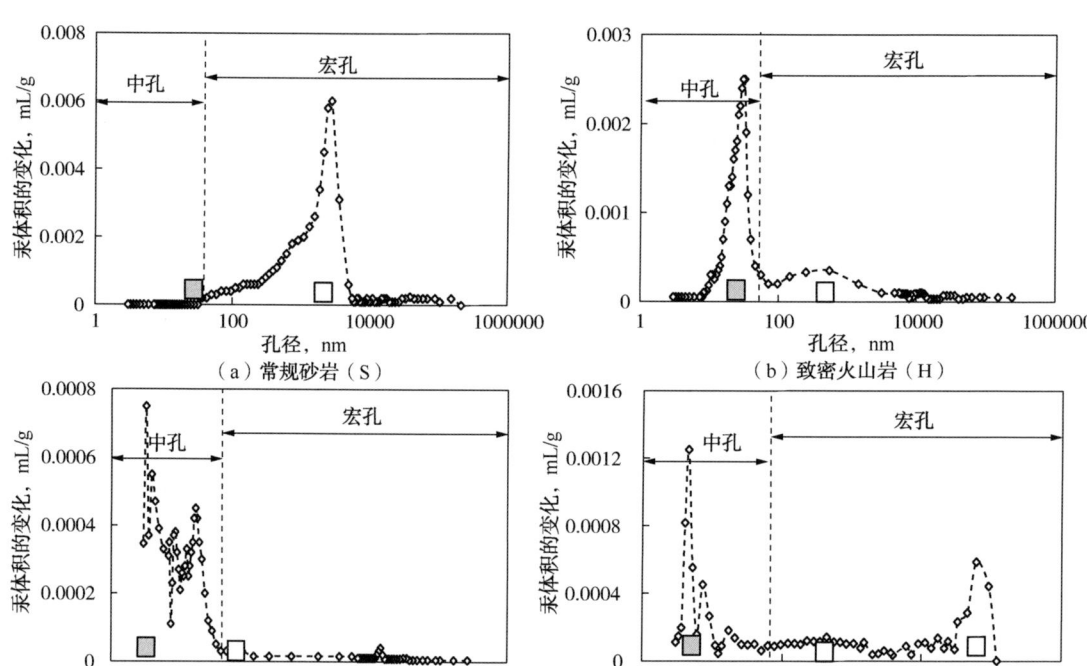

图 3-7 致密岩石样品的孔径分布

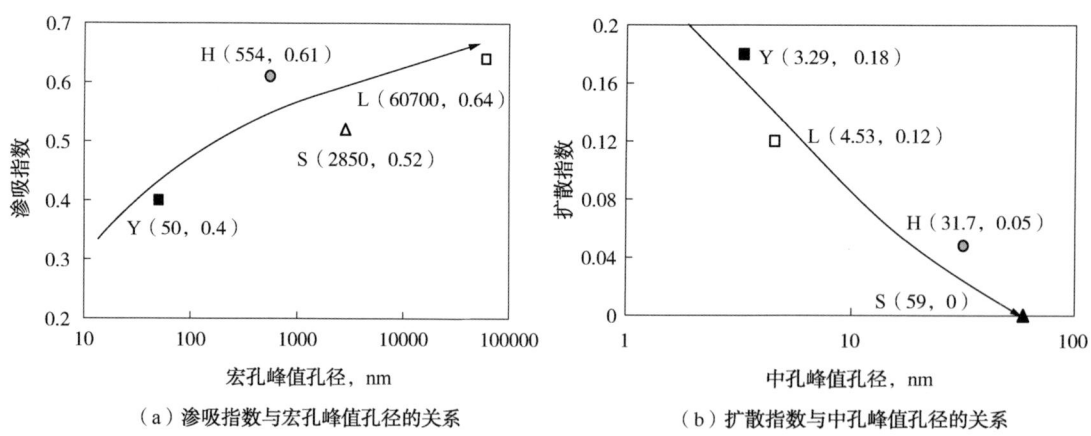

（a）渗吸指数与宏孔峰值孔径的关系　　　（b）扩散指数与中孔峰值孔径的关系

图 3-8 时间指数与孔径大小的关系

页岩的时间指数从 0.65 到 0.35，这也表现出页岩双孔双介质的特征。页岩发育微裂缝，还同时发育宏孔、介孔和微孔，具有较为宽阔的孔径分布范围[5]。一般来说，超过 1000nm 的孔隙即为微裂缝，具有较好的连通性，0.65 则反映了微裂缝的性质；而 0.35 则反映了基质的性质，基质孔隙连通性较差，由于页岩具有较高的黏土矿物含量，因此基质的连通性要比预测值(0.35)差。

二、孔径分布与渗吸特征的关系

图 3-9 为致密储层自发渗吸曲线形态示意图。图 3.9(a) 为高渗透储层的理想渗吸曲线，曲线分为两段，第一段为毛细管力渗吸段，在此坐标系下为直线，渗吸指数为 0.5，没有过渡段；而扩散段为水平直线，扩散指数为 0，换句话说，岩心吸水过程全部通过毛细管力渗吸作用完成，而且是单向活塞驱替。对于天然岩石，不会出现这种理想情况，但是可以作为一个标准来评价致密储层。

图 3-9(b) 和图 3-9(d) 显示了孔隙连通性较好的致密储层情况：有明显的过渡段，扩散段不明显。图 3-9(c) 和图 3-9(e) 显示了基质孔隙连通性相对较差的情况，一般渗吸指数低于 0.5，扩散段有上翘的趋势，微观的基质扩散作用更为明显。与图 3-9(c) 相比，图 3-9(e) 中孔隙连通性更差，扩散作用更为明显，微观孔径分布更为复杂。

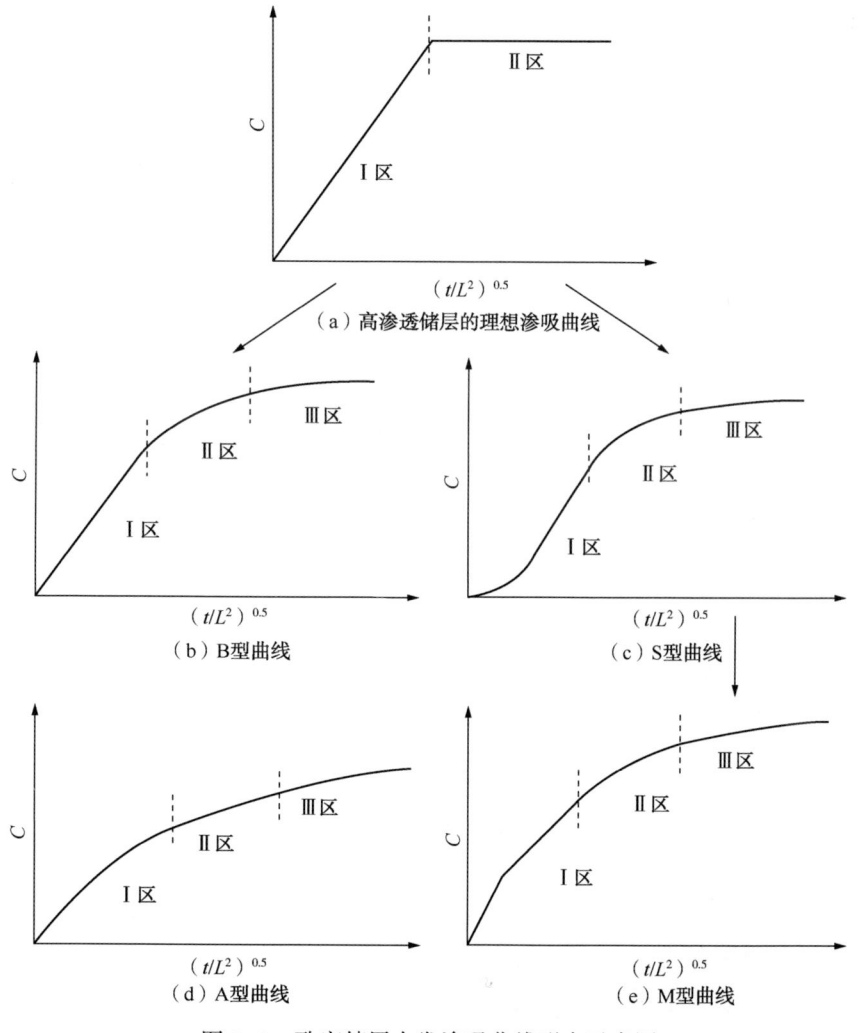

图 3-9　致密储层自发渗吸曲线形态示意图

致密岩石的渗吸特征可以分为四类(表 3-3),可以基于这四类渗吸特征来评价岩石的孔径分布和孔隙连通性。

表 3-3 不同致密岩石的渗吸特征

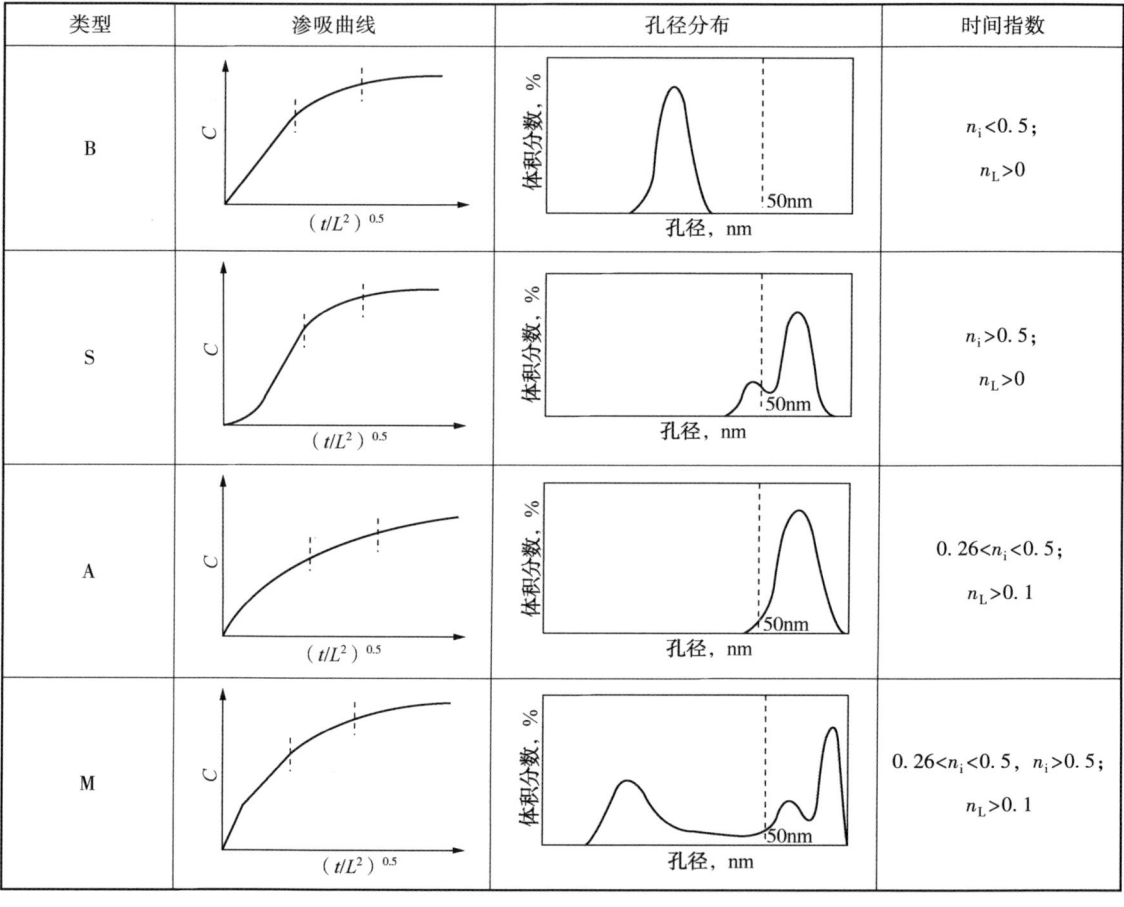

(1)两段式 B 型。较高孔隙度和渗透率的常规砂岩具有类似的曲线形态。两段式分布,没有明显的过渡段。初期的线性代表渗吸指数为 0.5,孔隙连通性较好。孔径分布特征为单峰,均质性较好。

(2)S 型。致密岩石往往具有该类的曲线形态,初始位置具有下凹的小尾巴,说明存在孤立孔隙,第一段渗吸指数明显高于第二段,且渗吸指数普遍高于 0.5,孔隙连通性较好。除了正常的毛细管力外,还有黏土矿物的吸附作用。宏孔和介孔都发育,趋向于有两个峰值。

(3)上凸 A 型。超低渗透率的岩石具有此类的曲线特征。孔隙连通性较差,孔径为单峰,且孔隙度、渗透率较低。初期渗吸指数低于 0.5,一般来说,孔隙毛细管束流线弯曲,不存在微裂隙或者在黏土矿物吸水过程中不会产生微裂隙。

(4)上凸三段式 M 型。曲线明显地分为两段,岩石具有双孔双介质特征,即发育裂隙和孤立大孔隙，裂隙段的渗吸指数一般高于 0.6，基质段渗吸指数位于 0.26~0.5，过渡段较长，后期扩散段曲线上翘，说明介/微孔发育。

从图 3-6(b)中可以看出，自吸曲线初期，曲线明显偏移趋势线。这可能与致密岩石复杂的微观孔隙结构有关。自发渗吸曲线的特征都是孔隙微观结构(包括孔隙形状、孔径分布、孔隙连通性等)的宏观表现。可以尝试用以下理论进行解释。图 3-10 为致密储层微观孔隙结构示意图，孔隙结构分为边介孔、连通孔、孤立孔、未连通孔四类，根据逾渗理论，孔隙簇与边界相交，导致边界的孔隙度较高。初始的边界 x 位置以内，自发渗吸曲线不稳定，表现异常，边界连通了更多的孤立孔、边介孔，总孔隙度可能是基本不变的，然而，随着距离边界的增加，孔隙度降低，许多零散分布的孔隙不会连通到整个孔隙网络，而贯穿整个岩石。与内部相比，孔隙结构较为复杂，因此致密储层的自发渗吸段会表现出不同的形态。根据逾渗理论，超过边界面一定距离 x 后，孔隙度不再变化。如果岩石的孔隙连通性较好，内部的孤立孔、不连通孔较少，则 x 接近于 0，初期渗吸段的曲线形态变化不大，如图 3-6(a)、图 3-6(c)、图 3-6(d)所示。因此，研究自发渗吸初期段的渗吸规律，可以获得内部孔隙连通性的相关信息。

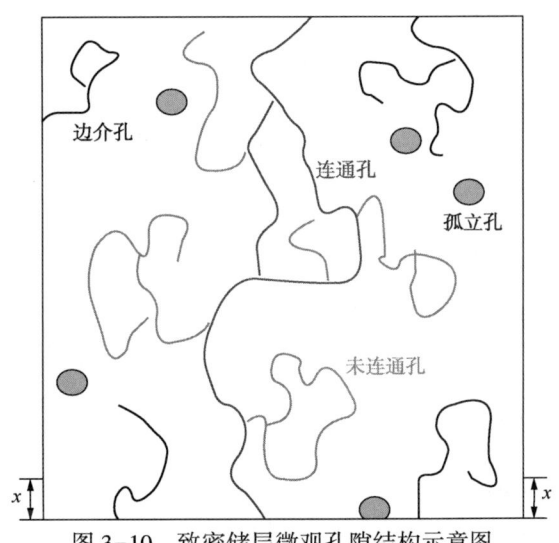

图 3-10　致密储层微观孔隙结构示意图

第四节　页岩储层渗吸能力及影响因素

图 3-11 为单位体积孔隙的吸水量随渗吸时间的变化曲线。从图中可以看出，不同岩性的样品的渗吸曲线具有相同的趋势。在渗吸初期，累计吸水量随时间慢慢上升，而吸水速率却随时间迅速降低，后期吸水速率接近为 0，表明渗吸过程达到平衡状态，即样品达到饱和状态。但是，并不是所有的岩心后期阶段都平行于时间轴[图 3-11(f)]。这与致密岩石

内部复杂的孔隙结构和矿物组成有关。样品的尺寸和大小存在较大不同，然而归一化后曲线的峰值相对稳定，说明渗吸能力（渗吸体积与孔体积之比）能够很好地反映岩石的吸水能力。值得指出的是，如图3-11(c)、图3-11(d)、图3-11(e)和图3-11(f)所示，同一种岩性不同样品曲线的峰值有所不同，这是因为岩石本身的非均质性导致不同样品的渗吸能力有所差别。从图3-11(c)、图3-11(e)和图3-11(f)中可以看出，渗吸曲线不平稳，存在较大的波动，这与岩石中含有敏感性黏土矿物有关。

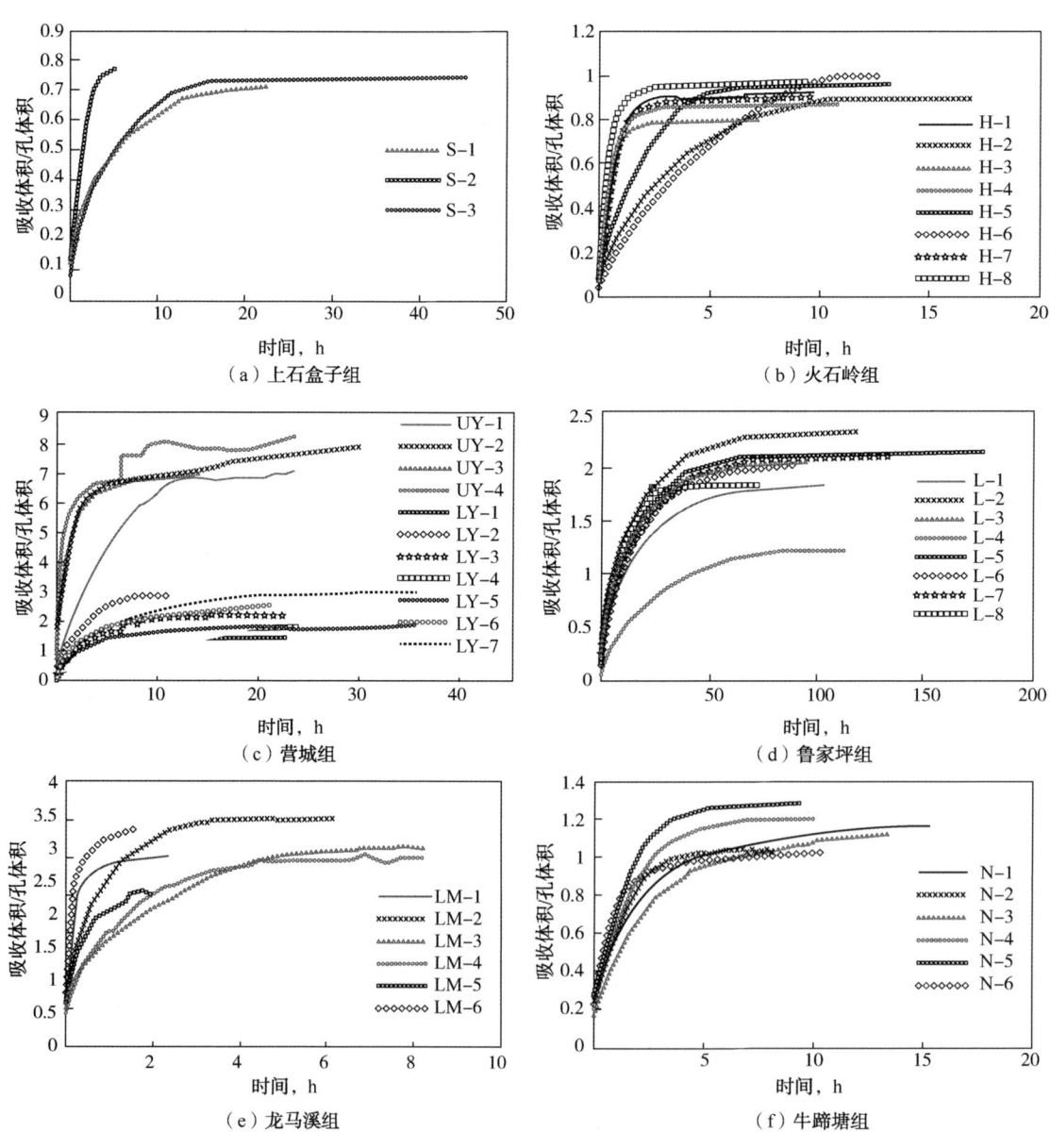

图3-11 单位体积孔隙的吸水量随渗吸时间的变化曲线

图 3-12 为单位截面积吸水量与时间的平方根的关系曲线。从图中可以看出，曲线趋向于合并为一条曲线，其斜率则能够很好地表征渗吸速率，如图 3-12（a）、图 3-12（b）、图 3-12（d）和图 3-12（e）所示。在图 3-12（c）和图 3-12（e）中，曲线存在较大的偏离，这与致密岩石本身的非均质性有关，非均质性越强，不同样品测试的渗吸结果差别越大。

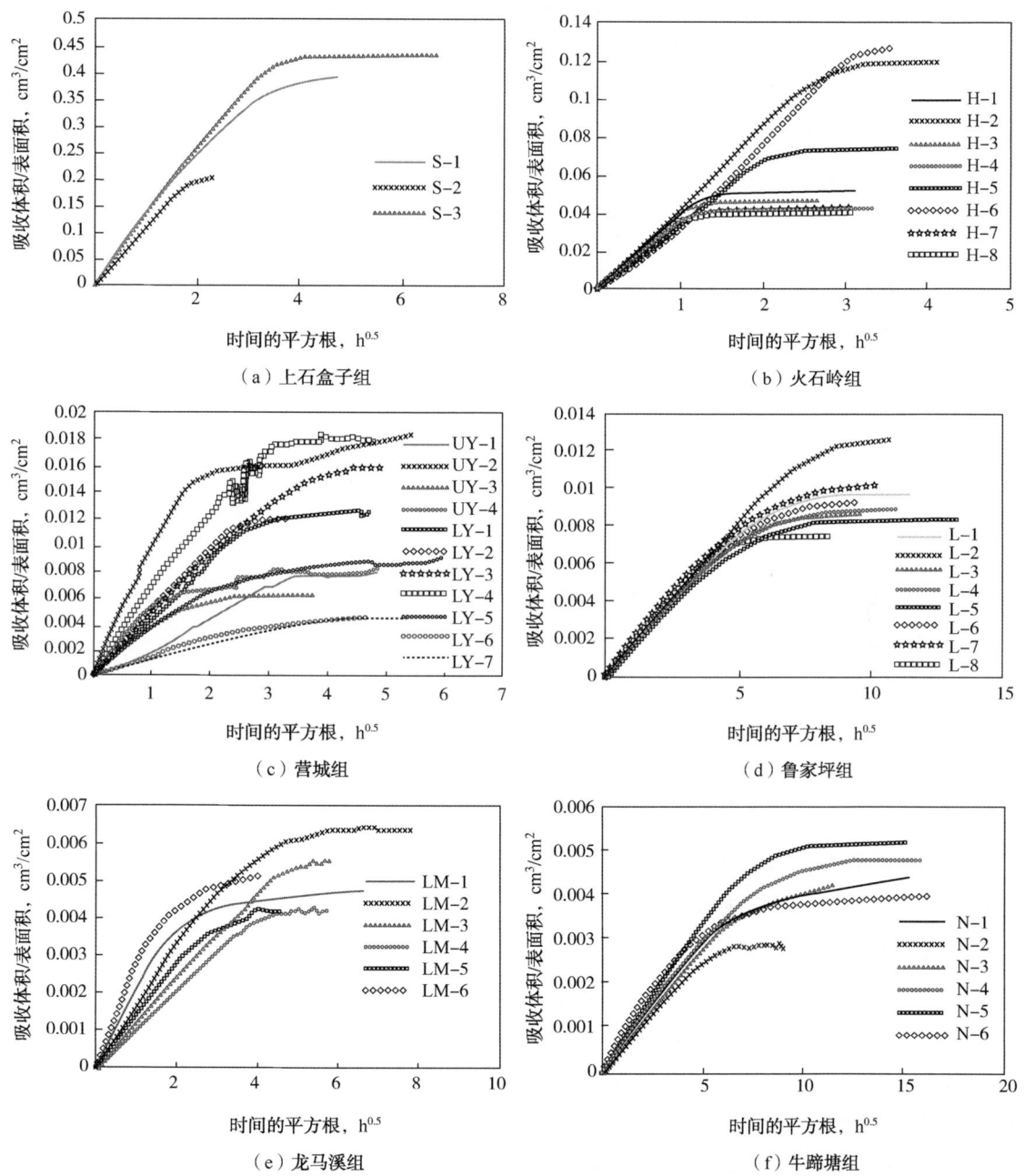

图 3-12　单位截面积吸水量与时间的平方根的关系曲线

一、页岩储层渗吸能力

图 3-13 显示了不同样品归一化的渗吸能力和渗吸速率分布。从图 3-13(a)中可以看出,致密火山岩(UY)、致密火山岩(LY)、页岩(L)、页岩(LM)和页岩(N)的地层样品吸入水的体积与孔隙体积的比值 n 明显地超过 1,尤其是致密火山岩(UY)地层样品,比值甚至达到了 6~8。换句话说,致密岩石吸入水的体积为岩石气测孔隙体积的 6~8 倍。这一结果与 Zhou 和 Hoffman(2014)的实验结果相一致。这与常规砂岩储层存在较大的不同,因此如果采用常规的认识来理解页岩的渗吸能力,将会明显低估页岩的渗吸能力。通过对比地层样品吸入水的体积与孔隙体积的比值,得出其相对大小顺序为致密火山岩(UY)>页岩(LM)>致密火山岩(LY)>页岩(L)>页岩(N)>致密火山岩(H)>致密砂岩(S)。

图 3-13(b)展示了渗吸速率的分布规律。在 S 和 H 地层中的渗吸速率接近 0.05~0.1cm/$h^{0.5}$,明显地高于 LY、LM、N 和 L 地层,渗吸速率的相对关系为 S>H>UY>LY>LM>L>N。

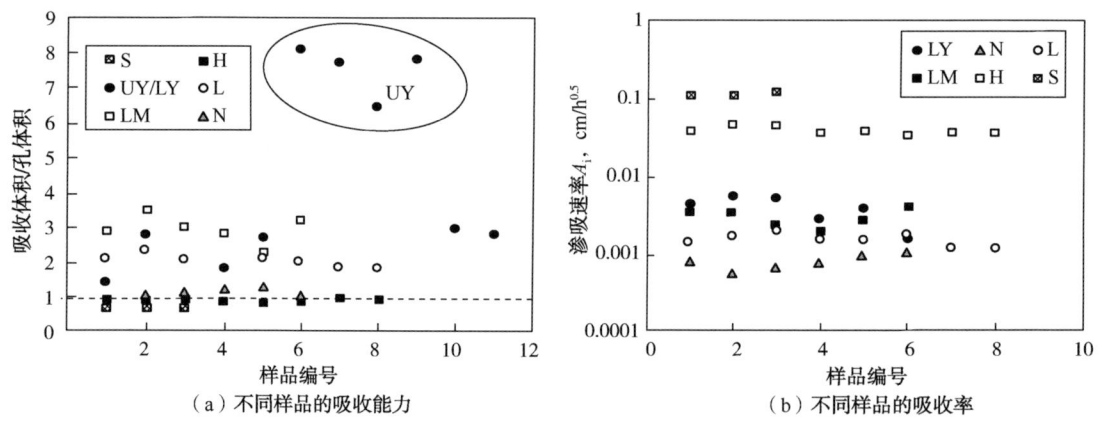

图 3-13 归一化的渗吸能力和渗吸速率分布

值得关注的是,部分岩石吸收水的体积明显超过岩石的气测孔隙体积,其中一个原因是黏土矿物表面对水具有强吸附性。相比气体而言,水更倾向于吸附到黏土矿物表面,能够进入气体不能进入的空间[6]。还有一个原因是页岩中的黏土矿物吸水膨胀能够产生微裂缝并提高孔隙体积,因此吸水后孔隙体积明显高于吸水前气测的孔隙体积。可以看出致密岩石的吸水能力与黏土矿物有关。

第二组实验研究了黏土矿物对渗吸能力的影响,将同一个样品反复烘干、渗吸多次,对比曲线的变化(图 3-14)。S、H、L 和 N 地层样品自发渗吸曲线有较好的重复性,表明内部的孔隙结构在自发渗吸后没有发生明显的变化[图 3-14(a)、图 3-14(b)、图 3-14(d)、图 3-14(f)]。但是,图 3-14(c)和图 3-14(e)中所示的 UY 和 LM 地层样品在自发渗吸后,吸水量明显上升,其中 UY 地层样品在渗吸之后崩离,而 LM 地层样品在渗吸之后出现微裂缝。这是因为黏土矿物吸水膨胀，提高了岩石的孔隙体积，进而提高了岩石的吸水能力。因此，富含膨胀性黏土矿物的页岩自发渗吸的吸水体积往往超过气测孔隙的体积，即 n 会超过 1。因此可以采用 n 作为反映页岩膨胀性黏土矿物（蒙脱石和伊蒙混层）含量的标志参数。

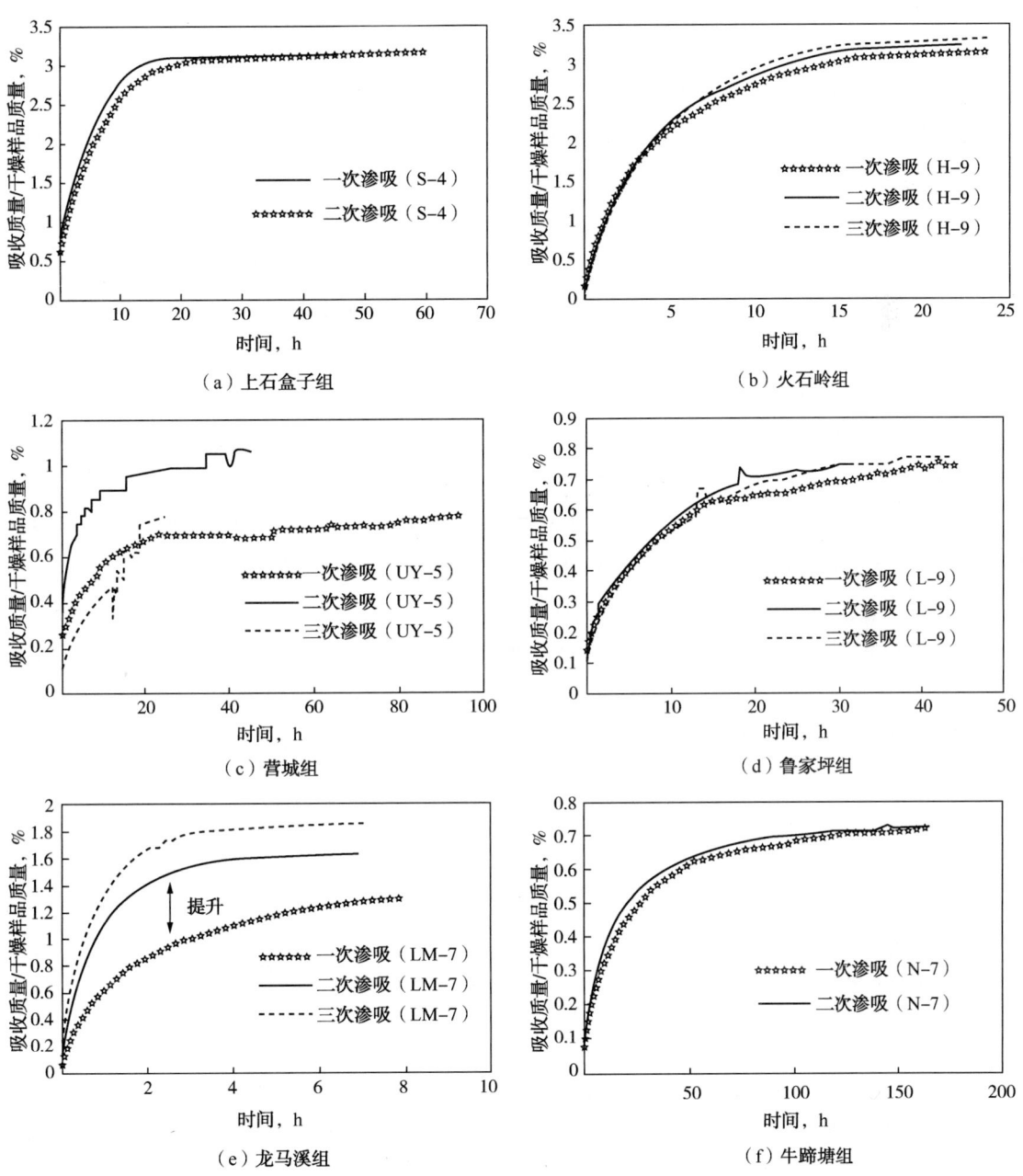

图 3-14 第二组渗吸重复实验

二、压裂液渗吸影响因素

本节内容主要阐述压裂液渗吸能力和渗吸速率的影响因素，包括孔隙度、渗透率、黏土矿物和流体成分。

(1) 孔隙度对渗吸能力和渗吸速率的影响。

由于页岩吸水的体积会明显超过孔隙体积，即含水饱和度超过1，因此常规的含水饱和度的概念并不适用于页岩等致密岩石。可以采用单位体积样品的吸水量来表征压裂液的吸收能力。这种定义方法有较好的工程实际意义，对现场工作者而言，根据储层渗吸能力能够优化压裂液的用量。

图3—15(a)为岩石渗吸能力与孔隙度的相关性曲线。从图中可以看出，在总体趋势上，岩石的吸收能力随孔隙度的增加而增加。实线代表吸水体积与气测孔隙体积相等，即常规认识中的含水饱和度为1。高孔隙度、低黏土矿物含量的岩石数据点趋向于在实线以下，高孔隙度的岩石自吸含水饱和度往往较低。而富含黏土矿物的页岩往往孔隙度较低，吸水能力较强，数据点趋向于位于实线以上。所以，图3—15是一个非常有用的图，可以分为3个区，Ⅰ区为低孔隙度区($\phi<4\%$)，数据点在实线以上，吸入水的体积超过气测孔隙体积，渗吸能力主要被黏土矿物含量及黏土矿物类型控制。Ⅱ区为中孔隙度区($\phi=4\%\sim10\%$)，吸水能力数据点位于实线上，吸入水的体积与气测孔隙体积接近，因此吸水能力主要受黏土矿物和孔隙度控制。Ⅲ区为高孔隙度区($\phi>10\%$)，数据点位于实线以下，吸水体积低于气测孔隙体积，吸水能力主要受孔隙度大小控制。

图3—15(b)为渗吸速率与孔隙度的相关性曲线。从图中可以看出，孔隙度越高，渗吸速率越高，呈较好的正相关关系。直线斜率接近0.5，与式(3—2)的预测一致，能够很好地说明气测孔隙度在表征渗吸流动方面具有较好的实用性。

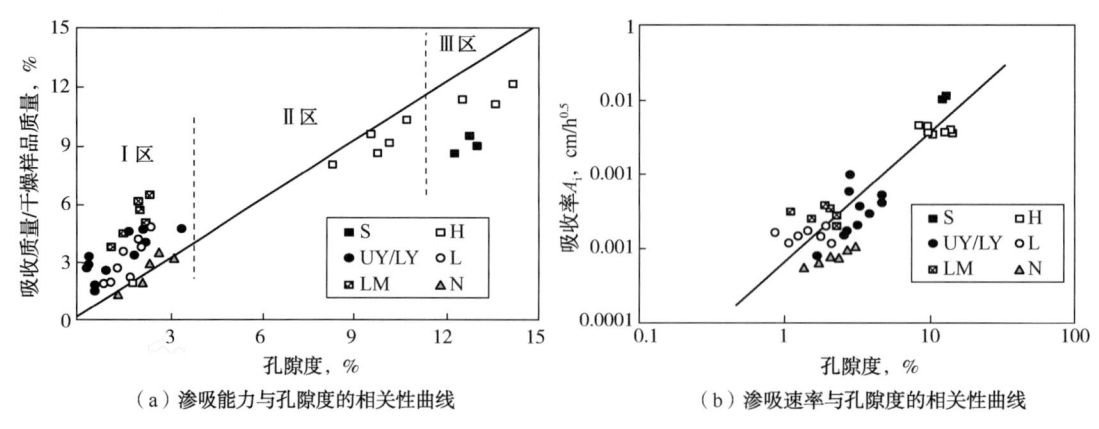

图3—15 渗吸能力、渗吸速率和孔隙度的相关性曲线

(2) 渗透率对渗吸能力和渗吸速率的影响。

图3—16为渗吸速率、渗吸能力与渗透率的关系图。从图中可以看出，随着渗透率的增

加,渗吸能力和渗吸速率增加。然而,相关性不好,与式(3-2)的预测存在明显的偏差,相对孔隙度而言,渗透率并不是影响渗吸速率的关键因素。这主要与渗透率的测试方法有关,致密岩石的渗透率测试主要采用脉冲气测渗透率仪进行,然而气体和液体在微纳米孔隙中的流动机理完全不同,因此气测渗透率并不能够很好地反映液体的渗吸速率。

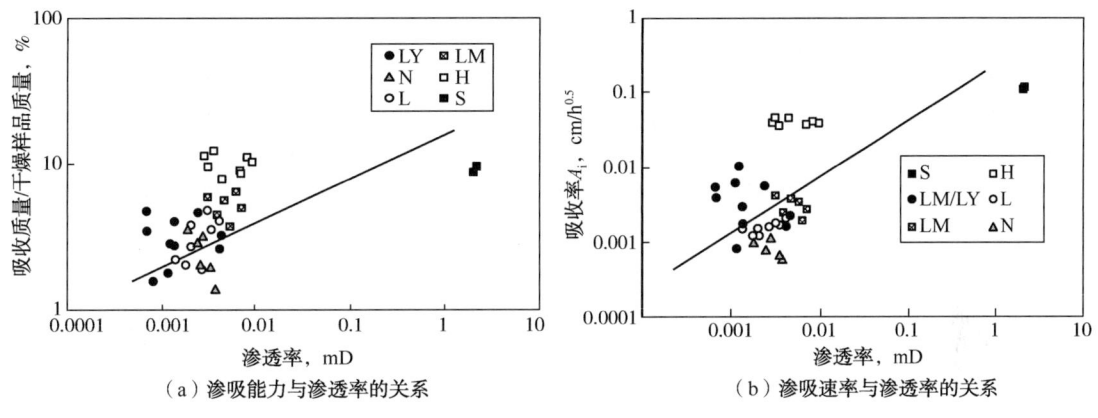

图 3-16 渗吸能力、渗吸速率与渗透率的关系图

(3) 黏土矿物对渗吸能力和渗吸速率的影响。

由于孔隙度和渗透率对渗吸速率有一定的影响,可以采用因次分析法进行处理,以便能够更好地研究黏土矿物的含量及类型对渗吸速率和渗吸能力的影响[7]。经过因次分析法处理之后,单位体积孔隙的吸水量和驱动力系数分别用来表征渗吸能力和渗吸速率。

图3-17、图3-18和图3-19分别显示了归一化渗吸能力和渗吸速率与黏土矿物含量、伊蒙混层含量、伊利石含量的关系。从图3-17(a)、图3-18(a)和图3-19(a)中可以看出,渗吸能力与黏土矿物含量、伊蒙混层含量和伊利石含量有很好的正相关关系,说明黏土矿物的含量及类型对渗吸能力影响较大。渗吸速率与黏土矿物和伊蒙混层含量有很好的正相关关系[图3-17(b)和图3-18(b)],然而渗吸速率与伊利石含量的相关性不好[图3-19(b)]。

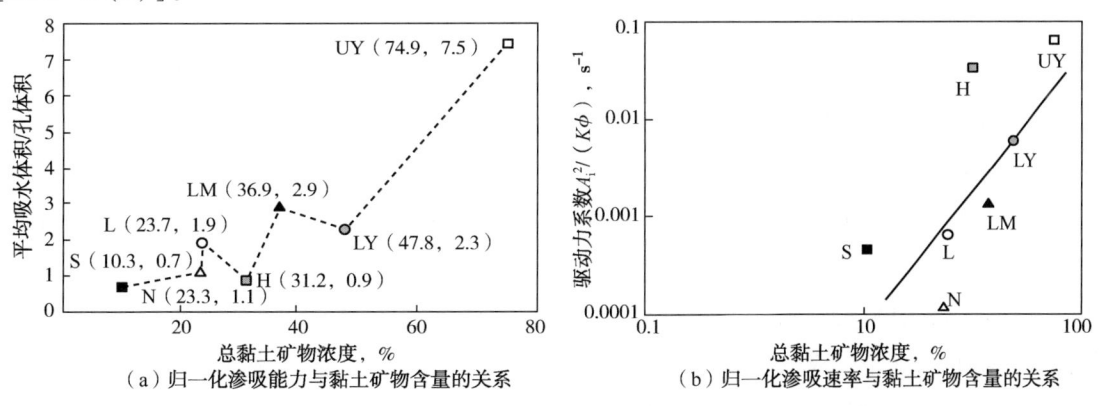

图 3-17 归一化渗吸能力和渗吸速率与黏土矿物含量的关系

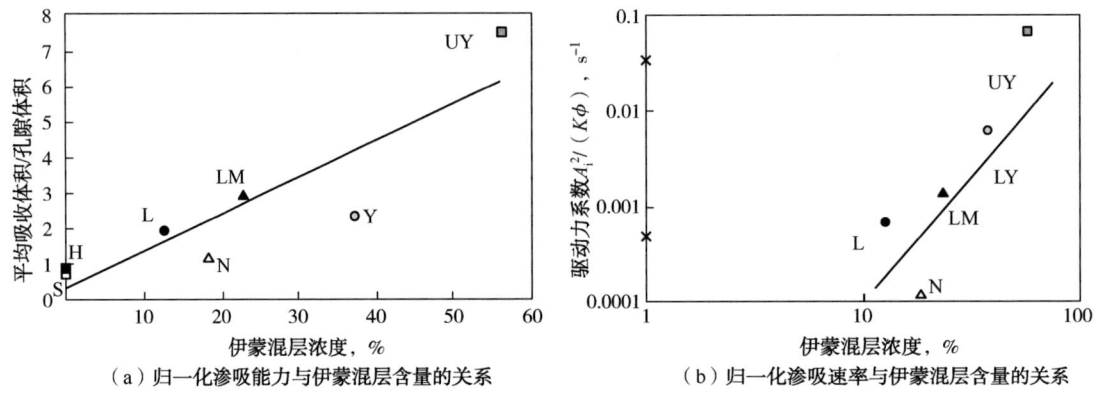

图 3-18 归一化渗吸能力和渗吸速率与伊蒙混层含量的关系

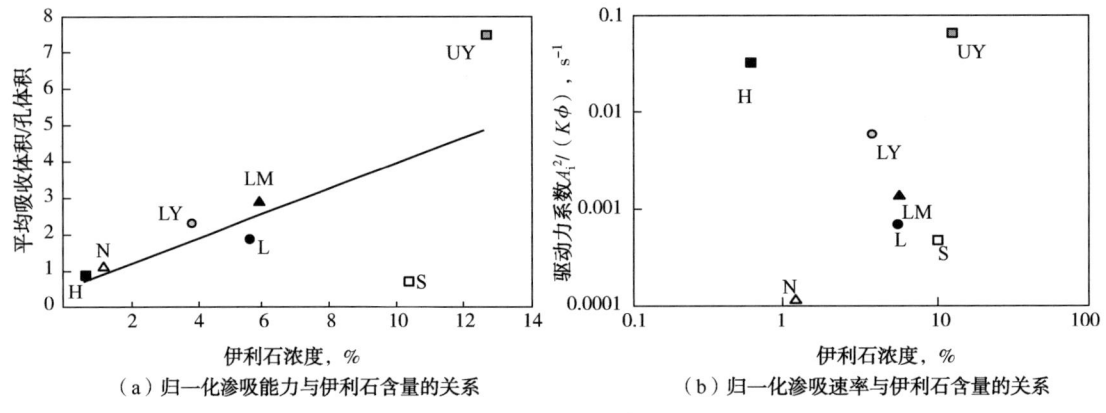

图 3-19 归一化渗吸能力和渗吸速率与伊利石含量的关系

渗吸能力与黏土矿物含量有很好的正相关关系。然而 H 和 LY 地层的样品偏离了这一规律。H 和 LY 地层具有较高的黏土矿物含量，但是渗吸能力却明显低于 L 和 LM 地层样品。原因是 H 地层黏土矿物类型主要为绿泥石，但是 L 地层的黏土矿物主要为伊蒙混层。伊蒙混层具有相对高的比表面积，能够吸附大量的水。与 LM 地层不同，LY 地层不含蒙脱石，蒙脱石的比表面积大大高于伊蒙混层，是导致 LY 地层出现明显偏离的主要原因。这也证明了渗吸能力不仅与黏土矿物的含量有关，还受到黏土矿物类型的重要影响。

（4）液体成分对渗吸能力和渗吸速率的影响。

页岩储层压裂液吸收的驱动力主要为毛细管力和黏土矿物渗透压，压裂液组成和性质的不同会对吸收驱动力产生影响，进而影响压裂液的吸收能力[8]。每一种致密地层岩石分别取 3 个相同的样品，分别使用蒸馏水、表面活性剂和质量分数为 10% 的 KCl 溶液浸泡，测定压裂液成分对岩石吸水能力的影响。向压裂液中加入阳离子表面活性剂后，能明显提高页岩表面的润湿角，降低毛细管力和表面亲水性（图 3-20）；向压裂液中加入 10% 的 KCl 溶液后，能够有效抑制黏土矿物水化作用，提高页岩稳定性（图 3-21）。

(a) 处理前（14°） (b) 处理后（51°）

图 3-20 LM 储层岩心表面活性剂处理前后的润湿角变化

采用毛细管渗吸时间(CST)研究 10% KCl 溶液对黏土矿物膨胀抑制性及渗吸能力的影响[9]。CST 测试装置是通过测量滤液通过两个电极的时间来评价页岩在工作液中的分散性的。CST 值越小，说明黏土矿物分散能力越差。图 3-21 显示了不同地层的 CST 测试结果，从图中可以看出，CST 值的相对大小为 UY>LM>N>L>H>S，这与伊蒙混层含量的相关关系较好。从图中还可以看出，10% 的 KCl 溶液对黏土矿物膨胀的抑制性较好，特别是 UY 和 LM 地层样品。

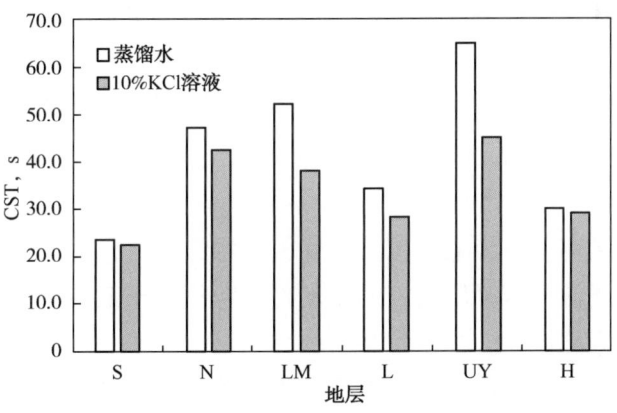

图 3-21 不同地层的 CST 测试结果

图 3-22 显示了加入阳离子表面活性剂和 10% 的 KCl 溶液后压裂液渗吸能力的变化情况。从图中可以看出，表面活性剂和 10% 的 KCl 溶液可以降低渗吸能力。此外，与其他样品相比，10% 的 KCl 溶液对 UY 和 LM 地层的渗吸能力抑制作用更加明显，这与 UY 和 LM 地层具有较高的伊蒙混层含量有关，说明伊蒙混层含量越高的地层，KCl 溶液对渗吸能力的抑制作用越强。

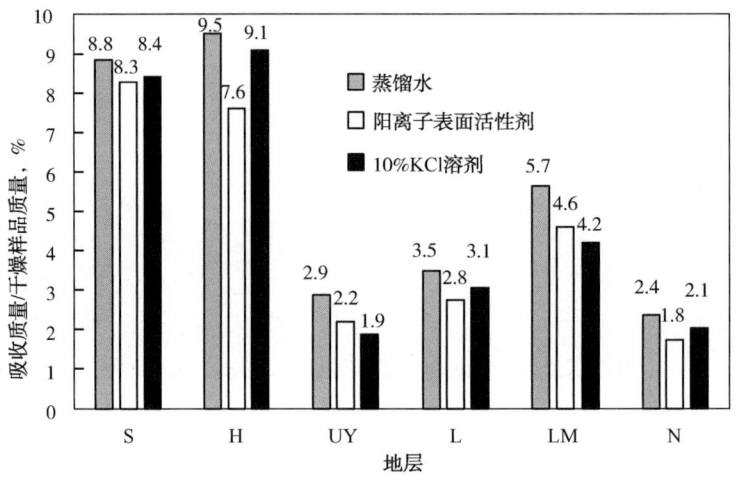

图 3-22 不同液体对渗吸能力的影响

第五节 小 结

通过开展室内高精度的自发渗吸实验，对比研究页岩储层和致密储层的渗吸能力和渗吸速率，并对其相关影响因素进行了分析，提出了一种适用于页岩渗吸实验的数据归一化处理方法。主要研究成果如下：

（1）压裂液吸入体积随渗吸时间的变化曲线具有相同的曲线形态：在渗吸初期，累计吸水量随时间慢慢上升，然而，吸水速率却随时间明显降低，后期吸水速率接近为 0，渗吸过程达到平衡状态。

（2）压裂液吸收的驱动力为毛细管力和黏土矿物渗透压，富黏土矿物页岩储层压裂液吸收过程中，黏土矿物渗透压对压裂液的驱动作用明显高于毛细管力，导致压裂液吸入体积能够大大超过气测孔隙体积。

（3）孔隙度对压裂液吸入体积影响较大，随着孔隙度的增加，吸入体积明显升高。在低孔隙度区（$\phi<4\%$），吸入水的体积往往超过气测孔隙体积，吸入体积倾向于被黏土矿物含量所决定；在中孔隙度区（$\phi=4\%\sim10\%$），吸入水的体积与气测孔隙体积接近，吸入体积主要由黏土矿物含量和孔隙度共同决定；在高孔隙度区（$\phi>10\%$），吸入水的体积低于气测孔隙体积，吸入体积主要受孔隙度大小的影响。

（4）新的实验数据处理方法能够对样品的尺寸和形状参数归一化处理，使得实验结果很好地反映出岩石本身的渗吸特性——渗吸能力、渗吸速率和渗吸曲线特征。此外，新处理方法还可以基于渗吸实验对不同储层进行对比和评价。

参 考 文 献

[1] Handy L L. Determination of effective capillary pressures for porous media from imbibition data[C] // Petroleum Transactions. Society of Petroleum Engineers, 1960.

[2] Shouxiang M, Morrow N R, Zhang X. Generalized scaling of spontaneous imbibition data for strongly water-wet systems[J]. Journal of Petroleum Science and Engineering, 1997, 18(3-4): 165-178.

[3] Olafuyi O A, Cinar Y, Knackstedt M A, et al. Spontaneous imbibition in small cores[C]//Asia Pacific Oil and Gas Conference and Exhibition. Society of Petroleum Engineers, 2007.

[4] Makhanov K, Dehghanpour H, Kuru E. An experimental study of spontaneous imbibition in Horn River shales [C]//SPE Canadian unconventional resources conference. Society of Petroleum Engineers, 2012.

[5] Zhang J, Kamenov A, Zhu D, et al. Laboratory measurement of hydraulic fracture conductivities in the Barnett shale[C]// SPE Production & Operations. Society of Petroleum Engineers, 2014.

[6] Lucas R. Rate of capillary ascension of liquids[J]. Kolloid Z, 1918, 23(15): 15-22.

[7] Washburn E W. The dynamics of capillaryflow[J]. Physical review, 1921, 17(3): 273-283.

[8] Lam C H, Horváth V K. Pipe network model for scaling of dynamic interfaces in porous media[J]. Physical review letters, 2000, 85(6): 1238-1241.

[9] Hu Q, Ewing R P, Dultz S. Low pore connectivity in natural rock[J]. Journal of contaminant hydrology, 2012, 133: 76-83.

第四章　页岩储层渗吸过程中的离子扩散特征

页岩储层压后返排液矿化度随时间明显上升，甚至可以达到200g/L，且体积压裂缝网规模越大，返排液矿化度越高[1]。返排液矿化度的变化规律可以作为诊断缝网发育程度和认识储层的一个重要手段。而页岩基质中的盐离子向人工裂缝压裂液中的扩散是引起返排液矿化度上升的主要机理。本章开展室内盐离子扩散实验，针对致密岩石、页岩和单组分矿物开展对比实验研究，定量分析页岩基质的离子扩散机理、表征方法和主控因素，并研究渗吸与离子扩散之间的关系。

第一节　页岩盐离子扩散实验方法

溶液的电导率高低取决于溶液内电解质的浓度，是反映所测量溶液的盐离子含量及类型的重要指标。一般来说，溶液中含有的盐离子浓度越高，电导率越大，反之电导率越低[2]。为消除裂缝影响，获取页岩基质的离子扩散能力，实验中将页岩粉碎，浸没于溶液中，利用电导率仪监测溶液中电导率的变化。采用页岩、致密岩石和单组分矿物对比研究的思路，分析岩性、接触面积、矿物组成、液体类型及成分对溶液电导率的影响，阐明页岩基质中的盐离子向压裂液中扩散的规律及主控因素。

一、实验样品

地层样品分别取自中国典型的致密地层——早二叠纪下石盒子组致密砂岩、早侏罗纪火石岭组致密火山岩、下白垩纪营城组致密火山岩，下志留纪龙马溪组页岩、下寒武纪鲁家坪组页岩、下寒武纪牛蹄塘组页岩、干柴沟组页岩，分别来自鄂尔多斯盆地、四川盆地和柴达木盆地(表4-1)。样品的全岩矿物和黏土矿物类型分析结果见表4-2。为了进一步加强研究的对比度，还从野外矿区采集了9种单组分矿物，其中黏土矿物包括蒙脱石、伊利石、高岭石和绿泥石，非黏土矿物包括石英、钾长石、斜长石、方解石、白云石和黄铁矿。将16种样品粉碎成颗粒，开展室内离子扩散实验。

第一组实验，测定不同地层的页岩和致密岩石在蒸馏水中的离子扩散规律，并给出相应的表征方法和参数，样品基本信息见表4-1。

第二组实验，测定野外矿区的9种单组分矿物的离子扩散规律，主要分析矿物组成对离子扩散规律的影响，基本信息见表4-2。

第三组实验，测定相同质量不同颗粒大小的龙马溪组页岩样品的离子扩散规律，主要分析微裂缝、基质和接触面积对离子扩散规律的影响。

第四组实验，考虑到现场采用的压裂液成分较多，为了能够更好地模拟现场情况，实验中采用了多种溶液体系。测定龙马溪组和上延长组页岩在不同溶液体系中的离子扩散规律。

表4-1 页岩样品属性

编号	地层	岩性	沉积环境	资源
LJP	鲁家坪组	页岩	海相	四川盆地
LMX	龙马溪组	页岩	海相	四川盆地
NTT	牛蹄塘组	页岩	海相	四川盆地
UYC	长7上地层	页岩	淡水大陆	鄂尔多斯盆地
LYC	长7下地层	页岩	淡水大陆	鄂尔多斯盆地
GCG	干柴沟组	页岩	咸水大陆	柴达木盆地
SHZ	石盒子组	砂岩	陆相	鄂尔多斯盆地

表4-2 全岩矿物和黏土矿物类型分析结果

编号	黏土矿物相对含量,%					全岩矿物相对含量,%				
	蒙脱石	伊利石	伊蒙混层	绿泥石	高岭石	黏土矿物	石英	长石	碳酸盐矿物（方解石+白云石）	黄铁矿
LJP	4.6	13.6	63.2	11.0	7.6	22.4	40.5	6.5	21.3	9.3
LMX	6.3	5.2	75.3	9.5	2.7	30.1	44.3	9.6	12	4.7
NTT	3.0	5.6	75.1	16.4	0	20.7	38.1	16.3	22.8	2.1
UYC	0	55	33	8	4	39.7	17.0	23.2	0	20.1
LYC	0	60	30	6	4	35.5	21.1	23.1	8.0	12.1
GCG	0	15	35	9	40	54.0	32.4	4.1	6.4	3.2
SHZ	0	85	0	0	15	12.6	35.2	1.2	27.1	0

二、实验装置及步骤

实验设备及材料：250mL烧杯、100mL量筒、保鲜膜、橡皮筋、电子天平、Mettler

Toledo S470 多功能电导率测量仪(图 4-1)、球磨机和通风烘干箱。多功能电导率测量仪主要由电极、活动支架和主机组成，不同的电极可以实现不同的功能。实验中采用的电极为普通溶液电导率电极，分辨率为 0.1μS/cm~2000mS/cm。图 4-2 为电导率测量示意图。

图 4-1　多功能电导率测量仪

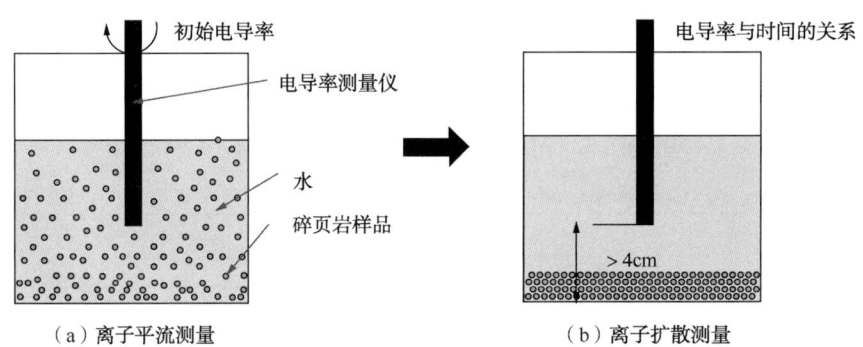

图 4-2　电导率测量示意图

实验步骤如下：

(1) 将 LMX 组的岩心磨成 6 目、8 目、10 目、20 目、40 目、60 目、80 目、100 目、400 目，其他地层岩心和单组分矿物都磨成 100 目，将所有岩心粉烘干备用。

(2) 编号为 SHZ、LYC、LJP、LMX 等岩心粉末每种各取 10g，投入 200mL 去离子水中，搅拌均匀，测定溶液电导率随时间的变化，即第一组实验。

(3) 不同目数的 LMX 粉末各取 10g，投入 200mL 去离子水中，搅拌均匀，测定溶液电导率随时间的变化，即第二组实验。

(4) 蒙脱石、伊利石等单组分矿物粉末每种各取 10g，投入 200mL 去离子水中，搅拌均匀，测定溶液电导率随时间的变化，即第三组实验。

(5) 100 目的 LMX 粉末和 UYC 粉末各取 10g，投入 200mL 不同溶液中，搅拌均匀，测定溶液电导率随时间的变化，即第四组实验。

三、精度控制

为了进一步确定每次测量时电极距离杯子底部的距离，开展相关的实验工作，取一个量程为100mL的量筒，加入LMX粉末5g和蒸馏水100g，测定不同距离处电导率随时间的变化情况(图4-3)。

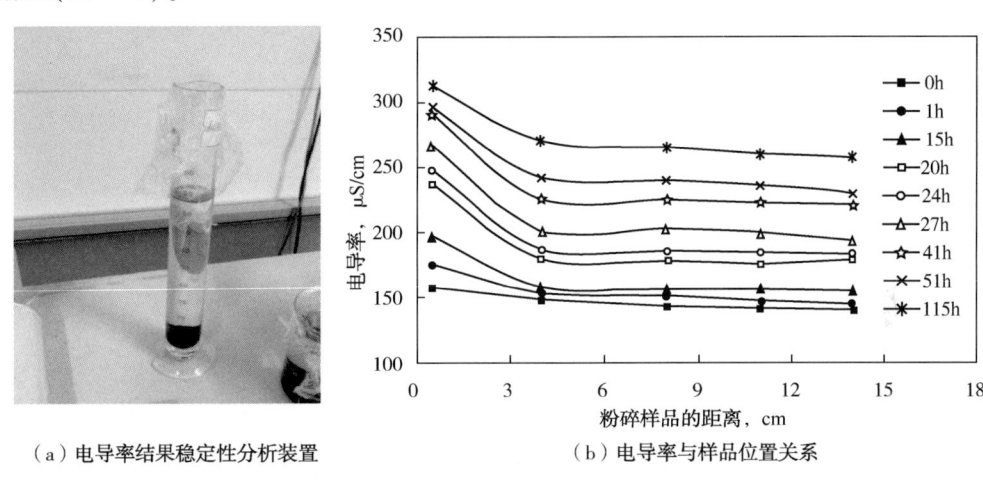

(a) 电导率结果稳定性分析装置　　　　(b) 电导率与样品位置关系

图4-3　不同位置处电导率的变化

图4-3(b)很好地反映了有限的系统内离子在溶液中的扩散规律，距离岩心粉末的表面越远，电导率迅速降低，然而电导率与样品距离超过4cm后，随着距离的增加，电导率值变化不大。此外，随着时间的增加，不同位置的电导率都有上升的趋势。27h之前，距离对电导率的影响较大；超过27h后，不同距离处的电导率差别不大。为了保持测试结果的稳定性，减少电极深度对测试结果的影响，实验中保持电导率测试位置与岩心距离4cm左右。

实验过程中所有盛装样品的烧杯全部使用保鲜膜封盖杯口，并使用橡皮筋加强杯口密封程度，尽可能降低液体蒸发对实验带来的误差[图4-3(a)]；测量时电极垂直插入液体相同位置，且电极插入时尽可能减小电极运动对液体的扰动。

第二节　页岩盐离子扩散曲线特征及表征参数

溶液中的电导率随着时间的变化能够反映出离子扩散规律，有必要对电导率曲线特征进行分析，提出表征参数便于定量研究离子扩散规律及主控因素。

一、典型的曲线特征

通过第一组实验，得到不同地层页岩和致密岩石的电导率G随时间t的变化曲线(图4-4)。无论是页岩还是致密砂岩，在离子扩散过程中，溶液电导率都从初始电导率G_0

开始随时间增加而增加。初期，电导率随时间增加较快，而上升速率慢慢变小，测试时间达到一定程度后，电导率上升速率明显降低，曲线则慢慢趋于平缓。表明测试样品的盐离子扩散速率是随时间变化的，初期变化较大，后期慢慢变小。

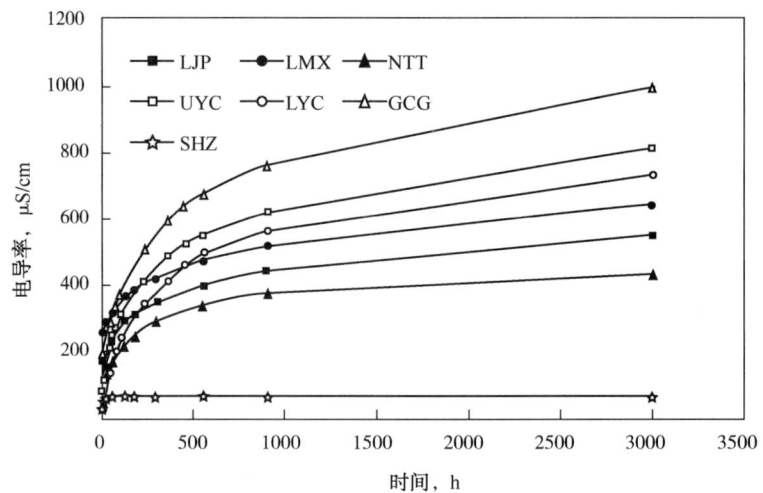

图 4-4　不同地层页岩和致密岩石的电导率随时间的变化曲线

图 4-5 为不同地层页岩和致密岩石的电导率随时间的平方根的变化曲线。从图中可以看出，电导率与时间的平方根呈线性关系，与自发渗吸的规律基本一致。此外，值得注意的是，图 4-5 中有些曲线的形态并不是严格的直线，如 GCG、UYC 和 LJP 曲线展示出"小凹""上凸"和"多段式"的形态，电导率曲线的不同形态在很大程度上取决于微观孔隙结构的不同。粉碎的致密岩石更多的是反映了基质的特征，致密岩石的基质孔隙结构复杂，导致时间指数并不完全等于 0.5。因此，在时间的平方根曲线下呈现出不同的曲线形态。

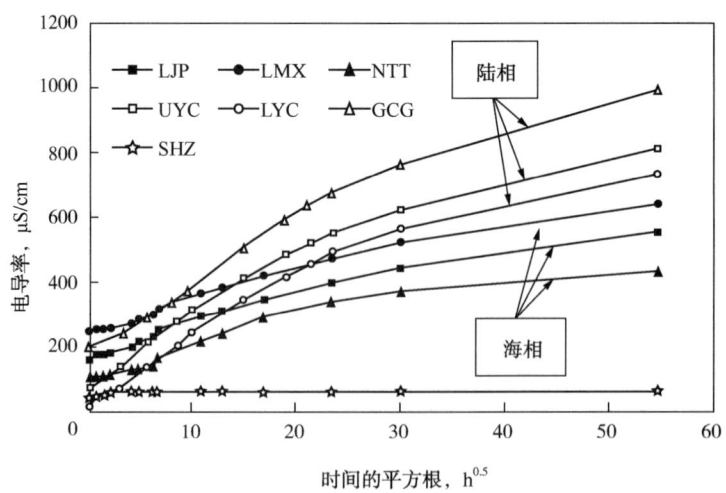

图 4-5　不同地层页岩和致密岩石的电导率随时间的平方根的变化曲线

二、表征参数

图 4-5 中电导率与时间的平方根总体呈线性关系，而且电导率呈现一直上升的趋势。然而，常规砂岩 SHZ 直线段较短，后期电导率曲线接近水平，说明离子扩散的过程达到最终的平衡状态。相较于常规砂岩，页岩和致密砂岩的离子扩散过程具有更好的持续性，但在很大程度上也存在平衡状态。离子扩散过程可以分为 3 个阶段——初期段、过渡段和后期段，页岩的后期段斜率很有可能高于砂岩(图 4-6)。

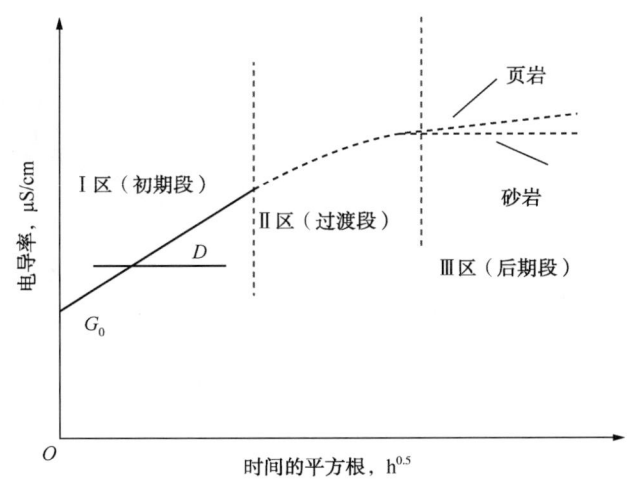

图 4-6　电导率随时间的平方根变化的典型曲线

本节主要研究离子扩散过程的初期段。初期段的物理含义可以通过对比常规砂岩和页岩得出。离子扩散是伴随自发渗吸过程进行的，实验中采用 100 目的粉碎样品（颗粒直径为 $154\mu m$），然而常规砂岩不存在微纳米孔隙，则不存在微纳米孔隙渗吸过程，因此初期段离子扩散非常微弱。而页岩和致密砂岩发育微纳米孔隙，水在渗吸作用下吸入页岩和致密砂岩中，离子则溶解并扩散出来，因此初期段斜率和持续时间大大高于常规砂岩。可见，初期段主要反映了微纳米孔隙渗吸引起的离子扩散过程。

电导率曲线前期段特征可以使用初始电导率 G_0 和斜率 D 两个参数进行表征。其中，初始电导率更多的是反映了岩石表面的离子含量，也就是孔隙水盐度。初始电导率 G_0 是在实验过程中将粉末置于水中搅拌后测得的，体现了岩石表面能够被溶解的离子量。因此单位表面积的离子附着量 G_0/A 可以作为表征岩石的属性参数。斜率 D 则反映了离子扩散的速率，D 越大说明离子扩散越快，反之离子扩散越慢。此外，最大离子扩散能力 C 是一个非常重要的参数。结合图 4-4 和图 4-5 可以看出，除了常规砂岩 SHZ，其他所有的致密岩石的曲线都没有达到最大值，致密岩石的电导率测试时间较长，很难获得最大值。然而在理论上，最大离子扩散能力可以通过单位表面的离子附着量与比表面积的乘积来获得。

三、离子扩散过程中的现象

图 4-7 显示了 0.5h 后海相 LMX 页岩和陆相 UYC 页岩的实验观测结果。海相 LMX 页岩的破碎样品沉入底部，溶液无色透明。与海相 LMX 页岩不同，陆相 UYC 页岩的破碎样品不会沉入水中，溶液呈棕色和泥状。此外，在溶液表面发现了许多"团聚"，这可以用黏土矿物的含量来解释。黏土矿物表面上的电荷倾向于聚集样品颗粒以增强浮力，并形成浮动团聚。陆相 UYC 页岩比海相 LMX 页岩具有更多的黏土矿物，这有助于抵消重力沉降。

（a）对比图1

（b）对比图2

图 4-7　0.5h 后 LMX 和 UYC 形成样品的对比溶液图片

125 天后，几乎所有粉碎的样品都沉入底部，溶液无色透明（图 4-8）。与陆相页岩相比，海相页岩的溶液更加透明。少量粉末不能沉降，形成对应于陆相页岩的胶体溶液。这也是黏土矿物颗粒带有电荷的证据。当与水接触时，黏土矿物容易分散，形成可悬浮在溶液中的更微小的颗粒。黏土矿物含量高的陆相页岩往往会产生更多泥质胶体溶液。值得指出的是，陆相页岩的颗粒聚集体最后完全分散开。说明水完全侵入"团聚"的内部，并且"团聚"的产生可能对离子传输能力的影响较小。

除了对应于蒙脱石、斜长石和黄铁矿的溶液外，其他溶液都是无色透明的（图 4-9）。蒙脱石的溶液呈橙色并呈现分层现象，这可以通过蒙脱石的强水敏感性来解释。当与水接触时，蒙脱石颗粒迅速分散形成更微小的颗粒。因此，胶体溶液比其他溶液更为混浊。斜长石矿物可能含有一些杂质，导致形成泥浆溶液。有趣的是，黄铁矿溶液的颜色随着浸泡时间的变化而变化。在 37.5 天的实验期间内，溶液颜色从浅绿色变成深黄色（图 4-10），这可能是由空气中的 Fe^{2+} 氧化引起的。

$$FeS_2 + 8H_2O \Longrightarrow Fe^{2+} + 2SO_4^{2-} + 16H^+ + 14e^-$$

$$4Fe^{2+} + O_2 + 4H^+ \Longrightarrow 4Fe^{3+} + 2H_2O$$

（a）海相页岩

（b）陆相页岩

图 4-8　125 天后不同地层样品的溶液图片

（a）黏土矿物

（b）非黏土矿物

图 4-9　37.5 天后地层样品的溶液图片

（a）0.5h后　　　　　（b）1.5d　　　　　（c）5d　　　　　（d）37.5d

图4-10　实验期间黄铁矿溶液图片

第三节　页岩盐离子扩散能力影响因素

本节对相关的影响因素(如沉积环境、矿物组成、比表面积、阳离子交换容量、液体类型、微裂缝、颗粒大小)对离子扩散过程的影响进行分析。

一、沉积环境对离子扩散的影响

图4-5中,海相页岩为LJP、NTT、LMX,而陆相页岩为UYC、LYC和GCG,其中GCG为咸水湖相沉积,UYC和LYC为淡水湖相沉积。可以看出,海相页岩的初始电导率高于咸水湖相页岩,咸水湖相页岩的初始电导率则高于淡水湖相页岩。说明页岩沉积环境对离子扩散过程影响较大,海水具有更高的盐度,生烃排水后附着在页岩表面的盐离子量较高,而陆地湖水中的盐度较低,生烃排水后附着在页岩表面的盐离子量则较低。同理,咸水湖相页岩的表面盐离子附着量高于淡水湖相页岩的表面盐离子附着量。

二、矿物组成对离子扩散的影响

图4-5中,虽然咸水湖相页岩和淡水湖相页岩的初始电导率较低,但其离子扩散速率明显高于海相页岩,因此咸水湖相页岩和淡水湖相页岩具有更高的离子扩散能力,这很有可能与矿物组成有关[3]。陆相页岩的黏土矿物含量较高,因此具有更高的离子扩散能力。为了研究黏土矿物含量对离子扩散速率的影响,开展第二组实验。

图4-11为单组分矿物电导率随时间的平方根的变化曲线。从图中可以看出,随着时间的增加,单组分矿物的电导率也在不断上涨。相较于石英、黄铁矿、斜长石和方解石,黏土矿物(蒙脱石、高岭石、伊利石和绿泥石)初始电导率G_0和斜率D较高。此外,非黏土矿物更加容易达到稳定阶段,如方解石、石英、斜长石和黄铁矿,而黏土矿物(如高岭石、绿

泥石和伊利石)具有相对较长的增长周期。说明黏土矿物不仅能够提高孔隙壁面盐离子附着量，还可以提高离子扩散速率。这是因为黏土矿物发育有微纳米孔隙，具有较高的比表面积，自发渗吸的过程同样具有持续性，离子必须在自发渗吸的前缘到达微纳米孔隙内部后，才能被剥离、扩散出来，因此微纳米孔隙是导致离子扩散具有长时间效应的关键。然而蒙脱石能够迅速达到稳定阶段，这是因为蒙脱石吸水后容易膨胀，破坏了骨架结构，内部的离子可以迅速释放出来，蒙脱石能够明显地提高溶液的离子含量，因此地层蒙脱石含量的高低在很大程度上直接影响了返排液中的矿化度变化速率。此外，值得关注的是，黄铁矿的存在同样可以明显提高溶液电导率，这与黄铁矿本身具有很好的电导性有关。

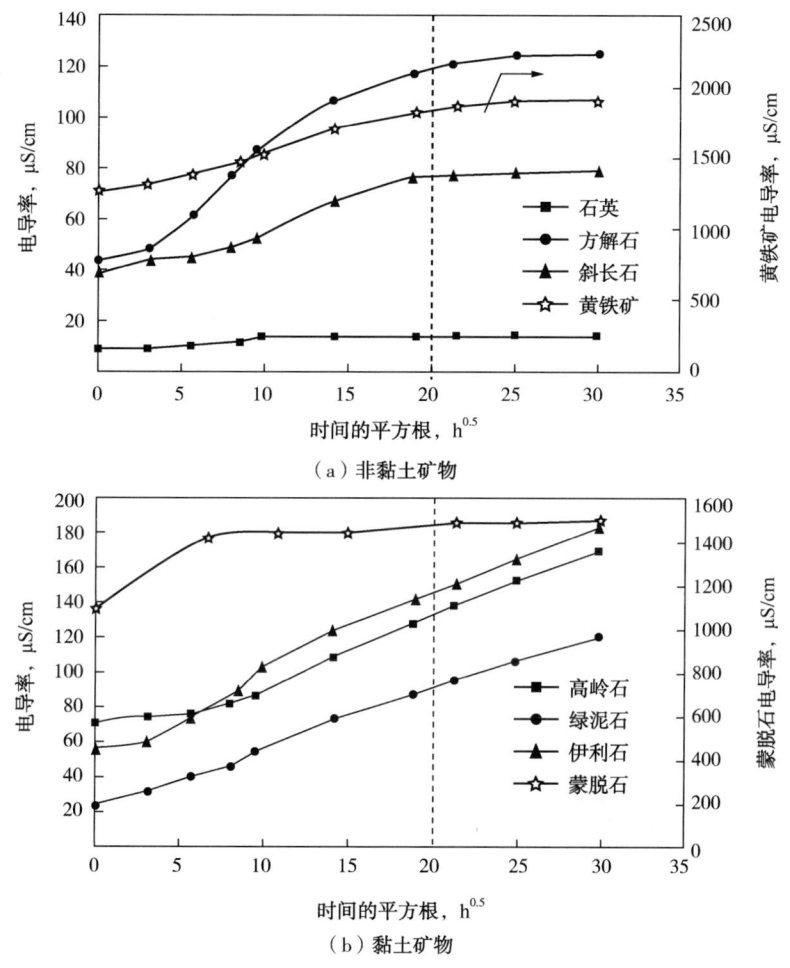

图 4-11 单组分矿物电导率与时间的平方根的关系曲线

图 4-12 显示了 G_0 和 D 与总黏土矿物含量之间的关系。从图中可以看出，离子扩散速率与黏土矿物含量呈正相关，相关系数为 0.7932。因此，黏土矿物含量对离子扩散速率有很大影响。G_0 与黏土矿物含量之间的相关系数相对较低，为 0.1846。在很大程度上，G_0 由沉积环境引起的沉淀盐决定。

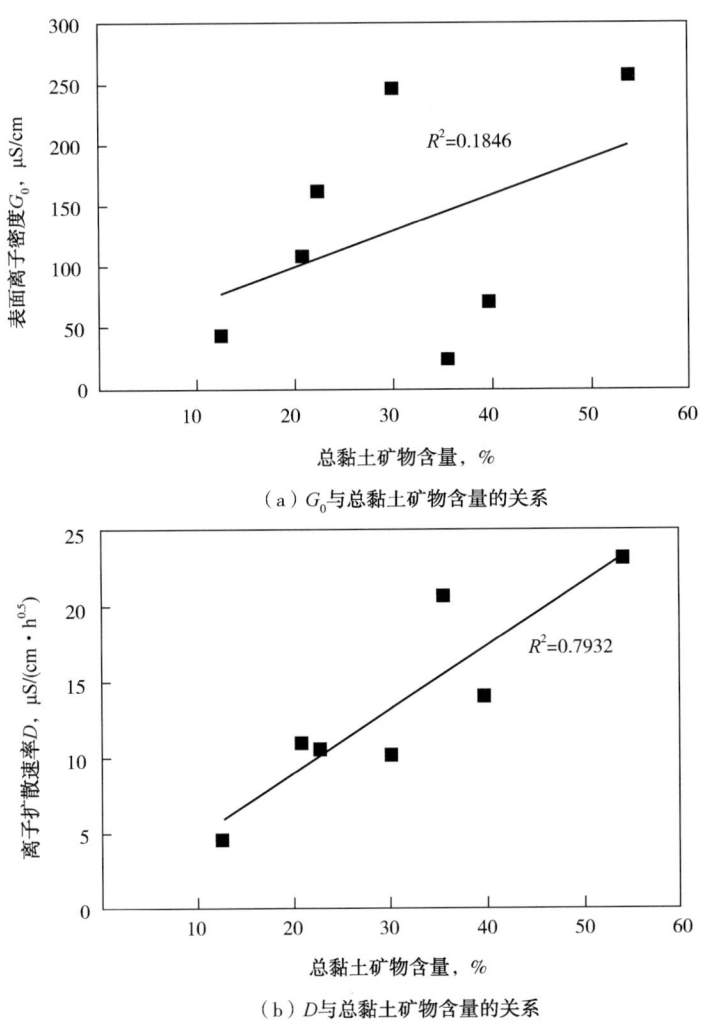

(a) G_0 与总黏土矿物含量的关系

(b) D 与总黏土矿物含量的关系

图 4-12 G_0 和 D 与总黏土矿物含量之间的关系

三、微裂缝对离子扩散的影响

页岩往往发育微裂缝,通过自发渗吸的研究可知,微裂缝的存在能够明显地提高自发渗吸速率,还能影响页岩自发渗吸曲线的形态[4]。此外,微裂缝也增大了接触面积,同样会对离子扩散产生影响。本节主要是通过将页岩粉碎成颗粒,从而去除微裂缝的影响,因此粉末样品的电导率曲线更倾向于反映基质的离子扩散的特征。

将龙马溪组页岩加工成不同粒径的粉末,分别为 6 目、8 目、10 目、20 目、40 目、60 目、80 目、100 目和 400 目,分别取 10g 置于烧杯中开展电导率实验(第三组实验)。图 4-13 显示了不同粒径的龙马溪组页岩样品。

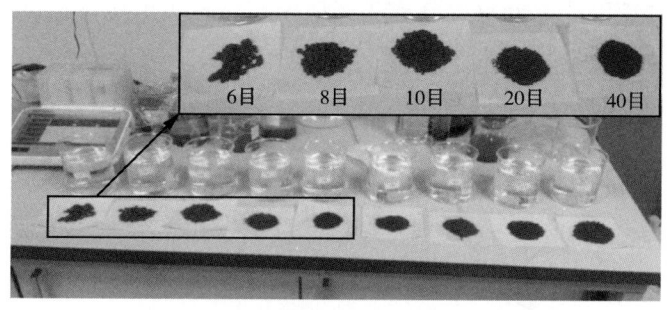

图4-13 不同粒径的龙马溪组页岩样品

图4-14为不同粒径的龙马溪组页岩样品的电导率与时间的平方根关系曲线。这种处理方式主要运用类比的思路，自发渗吸和电导率存在很多相似之处，因此，可以采用自发渗吸的研究思路和分析方法来研究电导率。从图4-14中可以看出，6目、8目和10目的样品具有明显的多段式特征，由较高的离子扩散速率渐渐变为较低的扩散速率，说明龙马溪组地层发育微裂缝。初期较高的离子扩散速率主要是由微裂缝引起的，后期则主要反映了基质的离子扩散过程。此外，值得注意的是，随着样品目数的增加，即颗粒直径的减小，多段式特征渐渐消失，当颗粒直径达到80目时，多段式特征完全消失，曲线近似为直线。说明龙马溪组地层中的微裂缝尺度是连续变化的，颗粒越小，能够存在的微裂缝的尺度越小。当颗粒直径超过80目时，基本不存在微裂缝，电导率曲线主要反映基质离子扩散的特性。

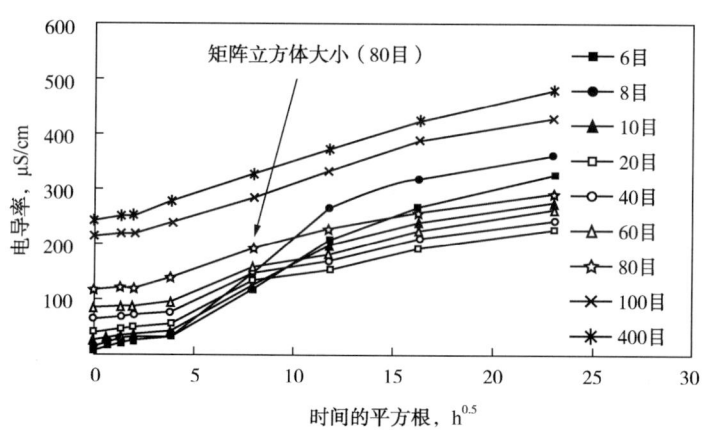

图4-14 不同粒径的龙马溪组页岩样品的电导率与时间的平方根关系曲线

页岩的暴露面积对电导率测试的影响很大，暴露面积越大，溶液中的离子扩散速率越高，符合通常的认识。因此，为了能够更好地分析颗粒直径对离子扩散速率的影响，可以利用表面积将离子扩散速率进行归一化处理（图4-15）。从图4-15中可以看出，随着颗粒直径的增加，离子扩散速率增加，说明微裂缝对离子扩散影响较大。理论上，颗粒直径越大，接触面积越小，则离子扩散速率越低，然而图4-15却显示了不同的结论，随着颗粒粒径的增加，D/A_c逐渐降低，当粒径超过0.8mm时，D/A_c迅速上升，且速率明显大于粒径

0.8mm 以下，说明微裂缝能够明显提高离子扩散速率，且作用甚至超过了暴露面积。

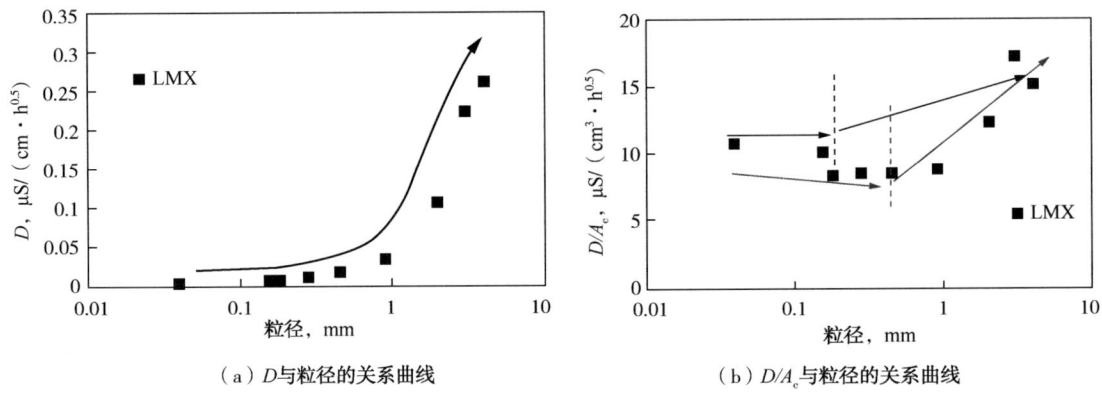

（a）D 与粒径的关系曲线

（b）D/A_e 与粒径的关系曲线

图 4-15　D 和 D/A_e 与粒径的关系曲线

四、接触面积对离子扩散的影响

图 4-16 为初始电导率随接触面积的变化曲线。从图中可以看出，随着接触面积的增加，初始电导率迅速上升。初始电导率为粉末样品与溶液混合后测定的初期电导率，反映了样品的表面离子附着量。压裂以及压后返排过程中，压裂液的流动过程在很大程度上类似于实验室内的搅动过程。因此，压后返排液中初期的矿化度主要与初始电导率有关。从图 4-16 中可以看出，压裂液与页岩地层接触面积越大，则返排液矿化度越高。从反面也能看出，如果返排液矿化度高，压裂形成的网络裂缝的表面积越大，则缝网越复杂，压裂液效果越好。可以通过返排液矿化度的高低初步估计缝网的复杂度。

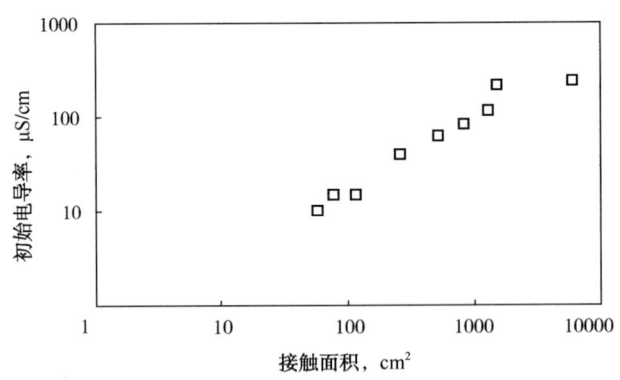

图 4-16　初始电导率随接触面积的变化曲线

图 4-17 显示了不同粒径样品的单位表面积的离子附着量。从图中可以看出，单位表面积的离子附着量非常稳定，不随粒径的变化而明显变化，说明单位表面积的离子附着量是一个非常合适的属性参数。图 4-17 中的数据点之所以会有一些离散，甚至出现异常点，是

因为颗粒粒径不是完全均匀的。此外，颗粒目数是通过两个筛子的间隔来确定的，只是一个范围，不能完全准确地反映颗粒的粒径分布。将来的研究中有必要采用国际标准的仪器对颗粒的粒径分布进行分析。

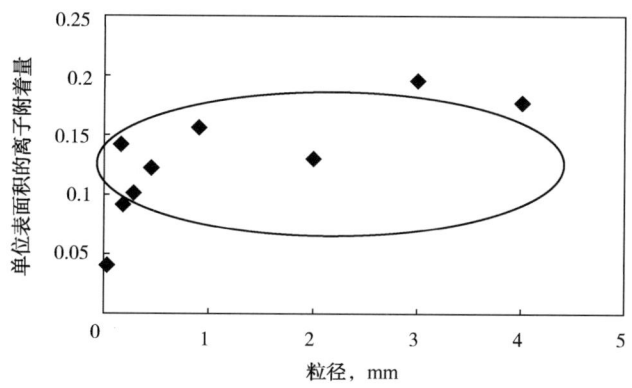

图 4-17　单位表面积的离子附着量与粒径的关系曲线

五、液体类型及成分对离子扩散的影响

该实验主要为了研究液体类型是否会通过影响自发渗吸进而影响离子扩散过程。自发渗吸实验中采用了盐溶液、表面活性剂和聚合物来研究溶液类型及成分对自发渗吸过程的影响，这里仍然通过这三种溶液来研究其对离子扩散的影响。在水溶液中，盐溶液、表面活性剂和聚合物本身就可以产生盐离子，因此会对研究结果产生影响。考虑到初始电导率是岩石本身的一种属性，与外在条件无关，其大小并不受溶液性质的影响，而溶液性质主要影响与渗吸相关的离子扩散的过程[5]。因此实验采用电导率的变化 ΔG 随时间的变化曲线来分析溶液类型及成分对离子扩散的影响。

1. 盐溶液

采用无机盐溶液来研究膨胀性的黏土矿物对离子扩散的影响。一般来说，无机盐能够压缩页岩表面的扩散双电层厚度，减小 ζ 电位进而稳定页岩的黏土矿物膨胀。提高盐浓度能够抑制页岩膨胀，然而不同盐类的稳定效果是不同的。这里主要采用两种溶液——NaCl 溶液和 KCl 溶液进行对比研究。其中，NaCl 溶液的浓度为 0.01% 和 0.05%，KCl 溶液的浓度也为 0.01% 和 0.05%。

图 4-18 显示了盐溶液对龙马溪组地层岩心离子扩散的影响。从图中可以看出，NaCl 溶液和 KCl 溶液都可以抑制页岩在溶液中的离子扩散过程，并且随着盐溶液浓度的增加，对离子扩散的抑制作用增强。然而 NaCl 溶液和 KCl 溶液对离子扩散的抑制作用存在较大的不同，KCl 溶液具有更强的抑制作用，提高 KCl 溶液的浓度能够明显地降低页岩离子扩散能力。NaCl 溶液主要是通过压缩黏土矿物扩散双电层厚度降低页岩黏土矿物的渗透压来降低吸水速率，进而降低离子扩散速率。而 KCl 溶液除了具有压缩黏土矿物扩散双电层厚度

抑制页岩黏土矿物吸水作用外，还有额外的抑制作用。K^+的直径约为 0.288nm，可以进入硅氧四面体内部，将黏土矿物片层紧紧地连接在一起，对膨胀起到良好的抑制作用。

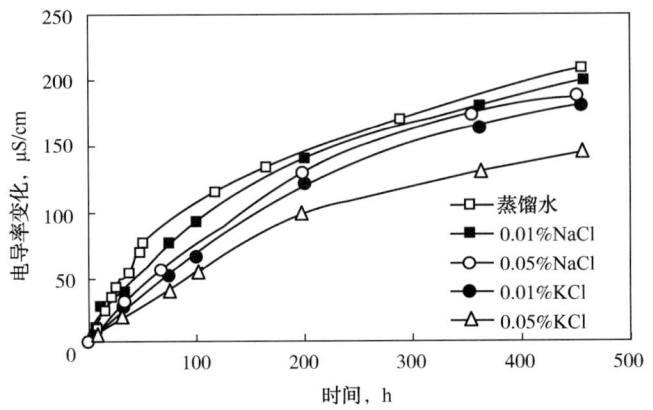

图 4-18　盐溶液对龙马溪组地层岩心离子扩散的影响

2. 表面活性剂

实验主要借助表面活性剂来验证毛细管力在离子扩散过程中的作用。在溶液中加入少量的表面活性剂能够使溶液的界面体系发生变化，从而改变润湿性和界面张力。一般来说，表面活性剂有两个基团——亲水基团和疏水基团，因此表面活性剂具有双亲性。亲水基团，如羧酸、硫酸、氨基及其盐；疏水基团，如 8 个碳原子以上的链状烃。表面活性剂的类型分为 4 类：阴离子表面活性剂、阳离子表面活性剂、非离子表面活性剂和两性表面活性剂。实验中采用的阴离子表面活性剂是十二烷基苯磺酸钠，为白色粉末固体，易溶于水，其浓度为 0.25%。

图 4-19 显示了表面活性剂对离子扩散的影响。从图中可以看出，阴离子表面活性剂能够降低页岩离子扩散能力。阴离子表面活性剂能够降低溶液表面张力，进而降低毛细管力。因此，阴离子表面活性剂主要通过降低自发渗吸速率进而影响离子扩散速率。

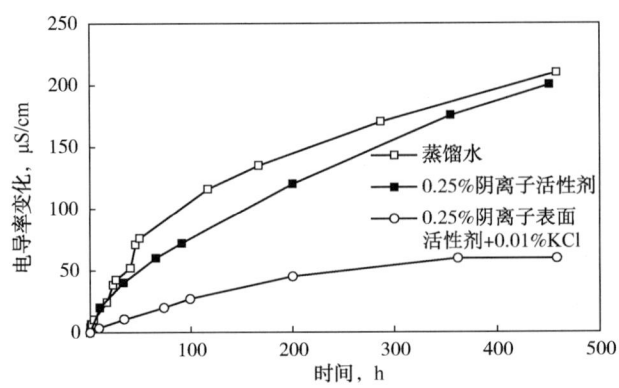

图 4-19　表面活性剂对离子扩散的影响

从图 4-19 中还可以看出,在浓度为 0.25% 的阴离子表面活性剂中加入 0.01% 的 KCl 溶液能够明显地降低电导率的变化。此外,该混合溶液对离子扩散的抑制效果要优于两者独自作用之和,说明阴离子表面活性剂和 KCl 溶液在抑制页岩离子扩散能力方面具有较好的协同作用。

3. 聚合物

一般来说,页岩储层压裂液主要为滑溜水,黏度较低。然而,施工过程中也会向溶液中加入聚合物来提高压裂液的黏度,提高携砂效果。为了研究液体黏度对页岩离子扩散的影响,采用 0.1% 的聚丙烯酰胺溶液与蒸馏水进行对比实验。图 4-20 显示了聚合物对 LMX 和 UYC 岩心离子扩散的影响。从图中可以看出,加入低浓度的聚丙烯酰胺能够降低页岩离子扩散的速率。这是因为提高溶液黏度能够降低自发渗吸的速率,进而降低离子扩散速率。然而,提高溶液黏度并不能降低页岩渗吸能力,因此提高溶液黏度不会明显降低离子扩散的能力,只是影响离子在溶液中扩散的过程。

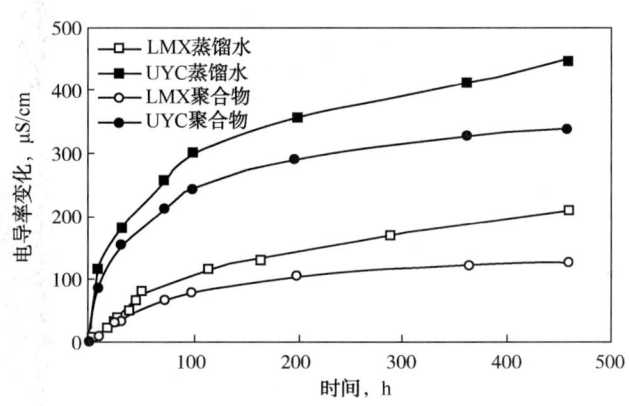

图 4-20 聚合物对 LMX 和 UYC 地层岩心离子扩散的影响

六、阳离子交换容量(CEC)对离子扩散的影响

黏土矿物表面普遍带有负电荷,会有阳离子吸附到黏土矿物表面维持电平衡。当黏土矿物与水接触后,吸附在表面的阳离子可以与溶液中的阳离子发生交换、吸附,该现象为阳离子交换性吸附,能够交换的阳离子的最大量为阳离子交换容量(CEC)。

黏土矿物的阳离子交换容量明显高于非黏土矿物,因此 CEC 更多反映的是黏土矿物本身的特征。此外,对于不同类型的黏土矿物,阳离子的交换能力是不同的,蒙脱石的 CEC 明显高于其他黏土矿物,伊利石和绿泥石次之,高岭石的最低。可以推测,伊蒙混层的 CEC 位于蒙脱石与伊利石之间。

为了研究 CEC 对页岩和致密岩石在液体中离子扩散的影响,绘制 SHZ、LYC、LJP、LMX 等 7 种岩石(表 4-2)和 9 种单组分矿物岩石的初始电导率、离子扩散速率随 CEC 的变化曲线(图 4-21)。从图中可以看出,页岩、致密砂岩和纯黏土矿物的初始电导率和离子扩散速率与 CEC 保持较好的正相关关系，说明黏土矿物表面的阳离子扩散吸附性在很大程度上影响了页岩在溶液中的离子扩散过程。然而对非黏土矿物而言，相关性不好，非黏土矿物 CEC 几乎为 0，却仍然存在初始电导率和离子扩散速率，这也说明非黏土矿物表面的盐离子主要来自沉积过程中形成的结晶盐。

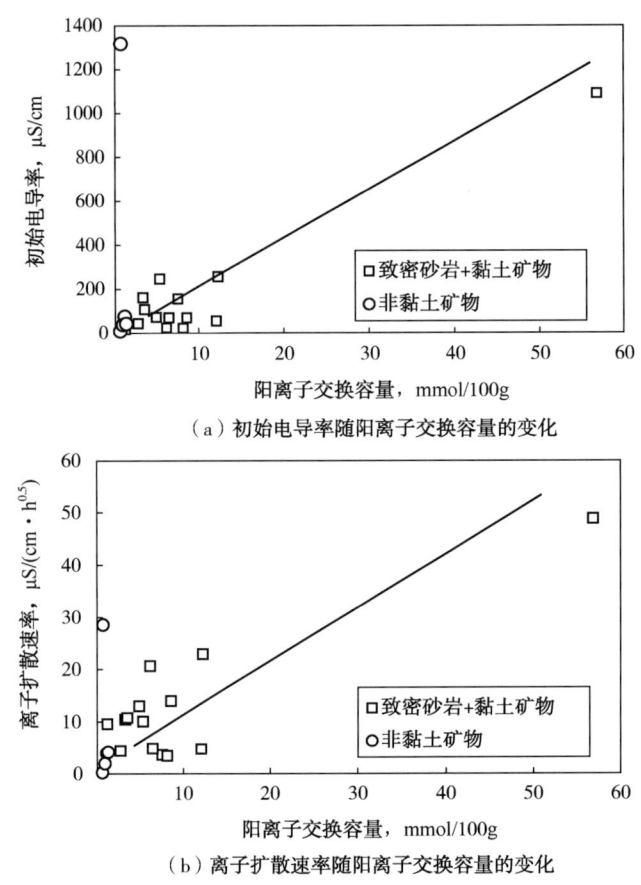

图 4-21 初始电导率和离子扩散速率随阳离子交换容量的变化

七、比表面积对离子扩散的影响

比表面积反映了一定质量的岩石总表面积，多点 BET 法是测定页岩比表面积的重要方法。原理是测定不同分压条件下样品对氮气的绝对吸附量，借助 BET 理论，通过计算单层吸附量进而获得比表面积。实验中采用低压氮气吸附—脱附法测定样品的比表面积。比表面积是表征页岩储层的一个重要参数，页岩富含有机质和黏土矿物，发育微纳米孔隙，具有相对高的比表面积。一般来说，比表面积越大，微纳米孔隙越发育，黏土矿物含量也越高。

黏土矿物的比表面积明显高于非黏土矿物，因此比表面积更多反映出黏土矿物本身的特征。此外，不同类型的黏土矿物的比表面积是不同的，蒙脱石的比表面积明显高于其他黏土矿物，伊利石和绿泥石次之，高岭石的最低。可以推测，伊蒙混层的比表面积位于蒙脱石与伊利石之间。

研究比表面积对页岩和致密岩石在液体中离子扩散的影响（图4-22）。从图4-22中可以看出，页岩、致密砂岩和纯黏土矿物的初始电导率和离子扩散速率与比表面积同样保持较好的正相关关系，而非黏土矿物的规律性同样较差。然而，与阳离子交换容量不同的是，比表面积与初始电导率和离子扩散速率的相关系数更高。阳离子交换容量主要反映黏土矿物表面的性质，而比表面积能够很好地反映页岩内部孔隙壁面的面积（包括黏土矿物和非黏土矿物），而盐离子主要附着在孔隙壁面上，因此比表面积是影响离子扩散能力的主要因素之一。

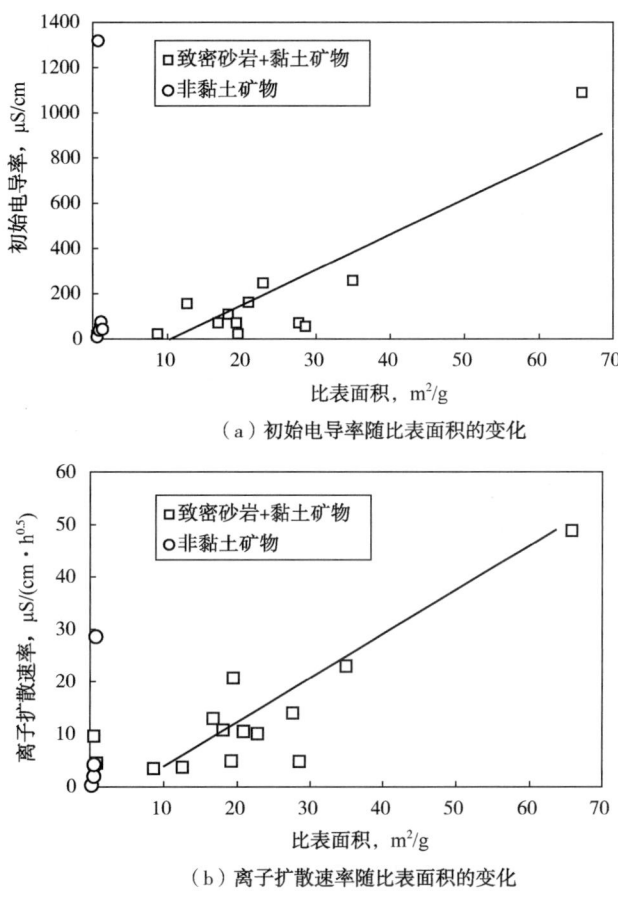

（a）初始电导率随比表面积的变化

（b）离子扩散速率随比表面积的变化

图4-22 初始电导率和离子扩散速率随比表面积的变化

第四节 小　　结

本章基于页岩粉碎样品开展离子扩散实验，并与致密岩石和单组分矿物进行了对比，

定量分析了页岩基质的离子扩散机理、表征方法和主控因素,并研究了渗吸与离子扩散之间的关系。主要成果如下:

(1) 离子扩散过程可以分为3个阶段——初期段、过渡段和后期段。初期段主要与微纳米孔隙渗吸有关,可以采用孔隙水盐度和离子扩散速率两个参数对离子扩散过程的初期段进行定量表征。

(2) 页岩在溶液中的离子扩散引起的电导率与时间的平方根总体呈较好的线性关系,自发渗吸的规律基本一致。

(3) 海相页岩的孔隙水盐度高于咸水湖相页岩,咸水湖相页岩的孔隙水盐度则高于淡水湖相页岩。说明页岩沉积环境对离子扩散过程影响较大,海水和咸水湖具有更高的盐度,生烃排水后附着在页岩表面的盐离子量较高,提高了页岩的孔隙水盐度。

(4) 黏土矿物的存在能够提高页岩孔隙水盐度,还可以提高离子扩散速率。

(5) 建立了一种基于粉末样品电导率实验评价页岩微裂缝和基质特征的方法,能够评价微裂缝的发育尺度。实验表明,龙马溪组页岩微裂缝尺度是连续变化的,且分布尺度高于0.18mm(80目)。

(6) 溶液中的离子扩散能力与黏土矿物含量、比表面积、阳离子交换容量、接触面积、微裂缝发育程度呈现较好的正相关关系。

(7) 溶液中加入NaCl、KCl、表面活性剂和聚丙烯酰胺都能不同程度地降低离子扩散速率。其中KCl溶液通过抑制黏土矿物渗吸从而降低离子扩散速率,而表面活性剂则通过降低毛细管力从而降低离子扩散速率。

参 考 文 献

[1] Binazadeh M, Xu M, Zolfaghari A, et al. Effect of electrostatic interactions on water uptake of gas shales: the interplay of solution ionic strength and electrostatic double layer[J]. Energy & Fuels, 2016, 30(2): 992-1001.

[2] Cheng C L, Perfect E, Donnelly B, et al. Rapid imbibition of water in fractures within unsaturated sedimentary rock[J]. Advances in water resources, 2015, 77: 82-89.

[3] Engelder T, Cathles L M, Bryndzia L T. The fate of residual treatment water in gas shale[J]. Journal of Unconventional Oil and Gas Resources, 2014, 7: 33-48.

[4] Fakcharoenphol P, Kurtoglu B, Kazemi H, et al. The effect of osmotic pressure on improve oil recovery from fractured shale formations[C]//SPE unconventional resources conference. Society of Petroleum Engineers, 2014.

[5] Yang L, Ge H, Shi X, et al. Experimental and numerical study on the relationship between water imbibition and salt ion diffusion in fractured shale reservoirs[J]. Journal of Natural Gas Science and Engineering, 2017, 38: 283-297.

第五章 盐间页岩储层压裂液渗吸—离子扩散规律

潜江凹陷的页岩油地层中发现了很好的油气显示，具有良好的页岩油勘探开发前景。本章以潜江凹陷的白云质页岩、钙芒硝页岩和泥页岩储层为研究目标，开展页岩油储层自发渗吸实验，采用高精度分析天平、低场核磁共振测试仪和纯水电导率测试仪测量盐间页岩的渗吸过程中的质量、T_2 谱和电导率变化，分析结晶盐在渗吸过程中的溶解、扩散机制及其对岩石物性特征的影响，阐明油相、水相在样品中的动态分布及迁移规律。本研究对盐间页岩的压裂液返排制度的建立和提高页岩油产出具有重要意义。

第一节 盐间页岩储层微观结构特征

一、盐间页岩物性特征

盐间页岩油储层样品取自潜江凹陷的江汉盆地，江汉盆地具有较好的页岩油开发潜力。潜江组地层是在高盐度、强蒸发环境下沉积而成的，具有"半盆砂、满盆泥、满盆盐"的特点。盐间页岩油地层主要发育白云质页岩、钙芒硝页岩和泥页岩，分别取3种储层样品进行岩性对比实验。白云质页岩为灰白色，气测孔隙度为4.4%，渗透率为0.0062mD；钙芒硝页岩充填大量的白色块状或条带状盐晶体，非均质性较强，孔隙度为1.7%，渗透率为0.15mD；泥页岩为黑色或灰黑色，发育层理裂缝，裂缝中间充填白色盐晶体颗粒，孔隙度为9.2%，渗透率约为0.014mD。3种盐间页岩地层孔隙度和渗透率差别较大，说明盐间页岩非均质性强，储层特征差异较大。高渗透率的样品主要与发育微裂缝有关。此外，饱和油测试的孔隙度普遍低于氦气测试的孔隙度。表5-1和表5-2中分别列出了3种样品盐间页岩储层样品参数和全岩矿物含量。

表 5-1 盐间页岩储层样品参数

编号	岩性	渗透率[①]，mD	气测孔隙度[②]，%	饱油孔隙度，%	平均孔径，μm	平均 T_2，ms
D	白云质页岩	0.0062	4.4	4.8	35	120

续表

编号	岩性	渗透率①, mD	气测孔隙度②, %	饱油孔隙度, %	平均孔径, μm	平均 T_2, ms
C	钙芒硝页岩	0.15	1.7	1.2	42	135
A	泥页岩	0.015	9.2	8.5	55	150

① 氦气测试仪测量的孔隙度，中国石油大学（北京）国家重点实验室测量。
② 非稳态渗透率，中国科学院力学研究所重点实验室测量。

表 5-2 全岩矿物含量　　　　　　　　　　　单位:%（质量分数）

编号	岩性	黏土矿物	石英	白云岩	方解石	黄铁矿	总有机碳(TOC)
D	白云质页岩	28	30	33	5	2.3	1.2
C	钙芒硝页岩	15	35	25	24	1.5	2.2
A	泥页岩	22	25	36	9	5.6	1.8

二、盐间页岩孔隙结构特征

应用 Micromeritics AutoPore IV 9520 压汞仪对 3 种盐间页岩样品的孔径分布进行测试，并计算压汞孔径平均值，同时计算饱和油的样品的 T_2 平均值，从而计算盐间页岩油样品的表面弛豫率，从而建立核磁共振 T_2 谱与压汞孔径分布的相关关系[1]。通过分析盐间页岩油储层渗吸过程中 T_2 谱的变化，可以定量研究特定孔隙中油相的运移规律。

如果以毛细管束模型描述孔隙形状，则表面弛豫率为

$$\rho_2 = \frac{\bar{r}}{2\bar{T}_2} \tag{5-1}$$

其中

$$\bar{r} = \frac{\sum r_i \cdot v_i}{\sum v_i}, \quad \bar{T}_2 = e^{\left(\frac{\sum \ln T_{2i} \cdot A_i}{\sum A_i}\right)} \tag{5-2}$$

式中　$\bar{r}$，$\bar{T}_2$——平均孔隙半径和 T_2 弛豫时间；
　　　r_i，T_{2i}——特定尺度孔隙的孔隙半径和弛豫时间；
　　　v_i，A_i——特定尺度孔隙的汞体积和核磁信号幅度。

根据式(5-1)计算可知，白云质页岩的平均孔径为 52nm，钙芒硝页岩为 166nm，泥页岩为 26nm，钙芒硝页岩具有更高的平均孔径。图 5-1 为盐间页岩储层核磁共振与高压压汞计算的孔径分布对比图。从图中可以看出，核磁共振 T_2 谱与压汞孔径分布吻合度较高，说明通过平均孔径 $\bar{r}$ 和平均弛豫时间 $\bar{T}_2$ 计算的表面弛豫率较为准确。白云质页岩表面弛豫率为 12nm/ms，钙芒硝页岩为 10nm/ms，泥页岩为 8nm/ms，3 个盐间页岩的表面弛豫率基本相等，说明微观孔隙结构、微裂缝、矿物组成不同并不会对盐间页岩表面弛豫率产生明显影响。

盐间页岩的原油主要分布在 10~100nm 的孔隙中，白云质页岩中原油占 100%，钙芒硝页岩中原油占 70%，泥页岩中原油占 100%。钙芒硝页岩发育大量由盐晶体充填的层理裂缝，可作为原油的赋存空间。微裂缝的发育使得孔径分布呈现双峰特征，并明显提高了储层的渗透率。

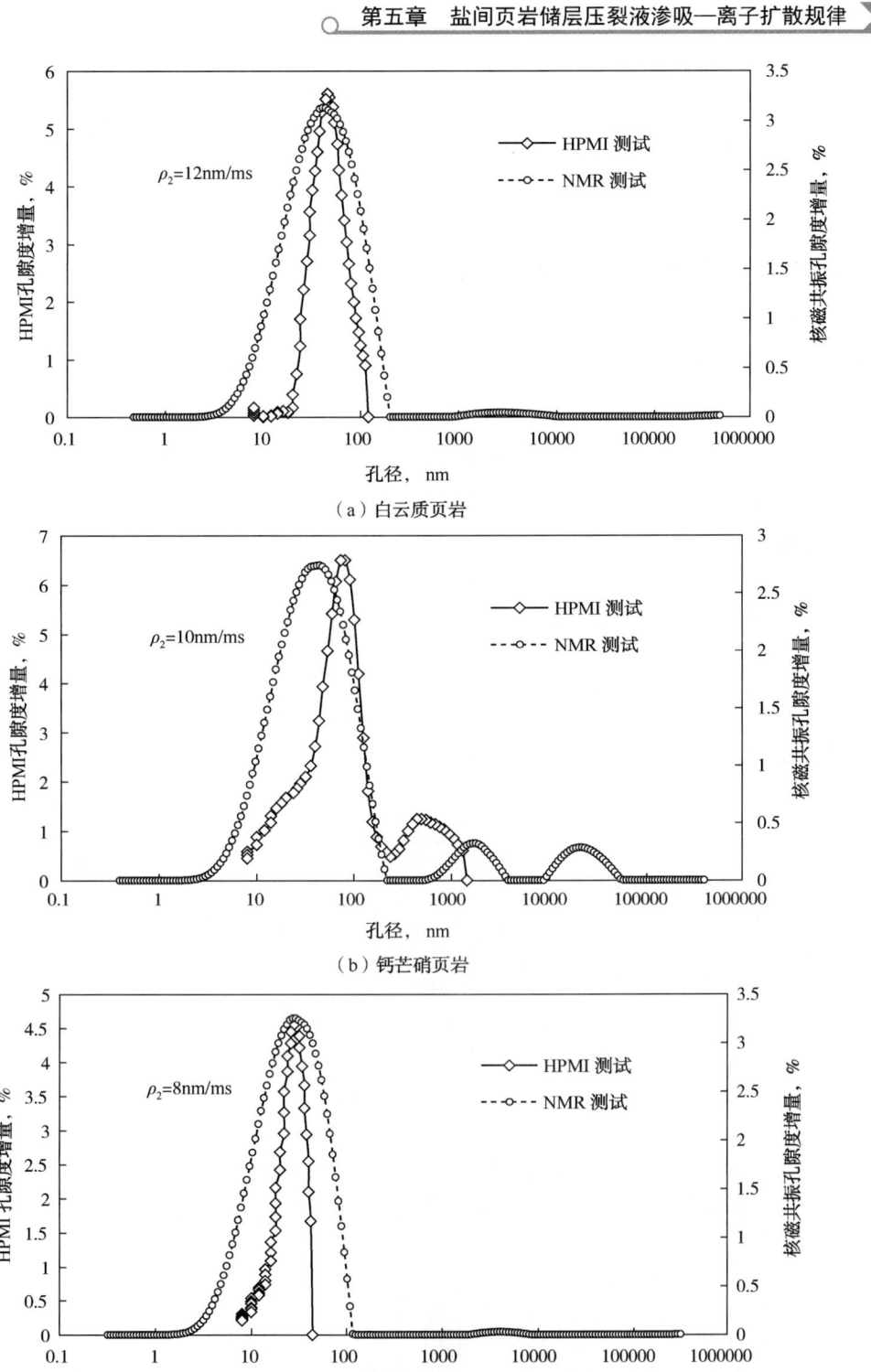

图 5-1 盐间页岩储层核磁共振与高压压汞计算的孔径分布对比图

第二节 盐间页岩储层盐的分布形态

一、肉眼观察和显微镜观察

通过肉眼观察和显微镜观察来分析盐间页岩样品内盐晶体的分布特征,结果如图 5-2 和图 5-3 所示。从图中可以看出,3 种页岩油样品的外观存在较大不同,主要与盐晶体颗粒的含量及分布形态有关。白云质页岩中盐晶体主要以团状聚集的形式存在,呈零散状分布,大小、形状差异较大,使得白云质页岩具有较强的微观非均质性。显微镜观察可知,白云质页岩晶体聚集体直径为 1~5mm[图 5-3(a)]。

钙芒硝页岩的层理发育较好,盐晶体主要充填于层理弱面中,弱面的宽度为 0.5~1mm[图 5-2(b)和图 5-3(b)]。岩心钻取过程中容易发生开裂,充填的弱面胶结强度较低(图 5-4)。考虑到钙芒硝页岩的高渗透率(0.15mD)特点,可知盐晶体充填的弱面是部分开启的,可作为流体渗流的高速通道,对改善页岩油储层的物性具有重要意义。

泥页岩储层微观均质性较好,肉眼难以观察到明显的盐晶体颗粒[图 5-2(c)]。然而,显微镜下能够看到大量的盐晶体颗粒分布在泥页岩样品内,分布较为均匀,颗粒直径低于 0.1mm。

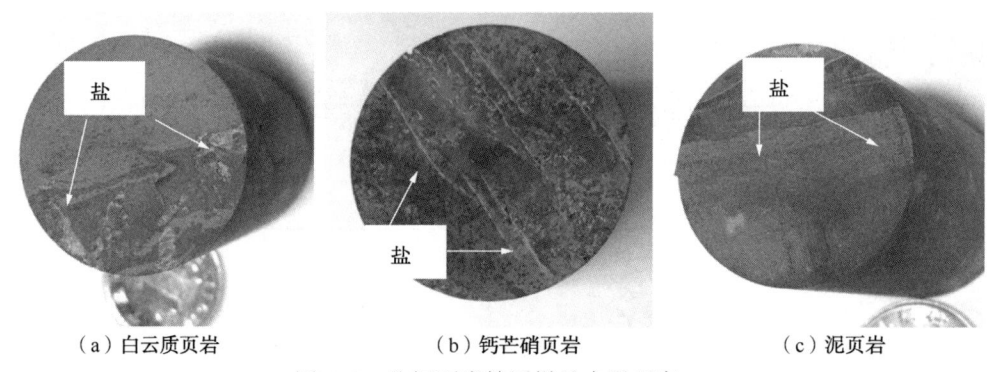

(a)白云质页岩　　　　　　(b)钙芒硝页岩　　　　　　(c)泥页岩

图 5-2　盐间页岩储层样品肉眼观察

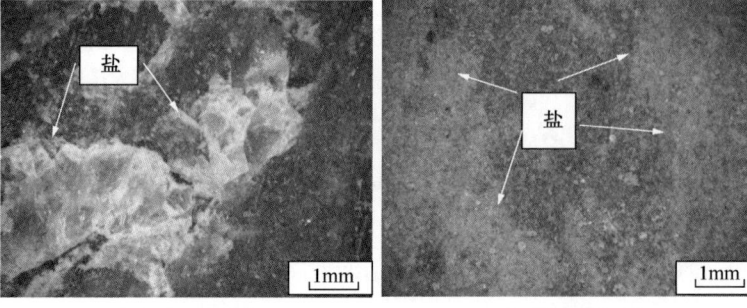

(a)白云质页岩　　　　　　(b)钙芒硝页岩

图 5-3　盐间页岩储层样品显微镜观测

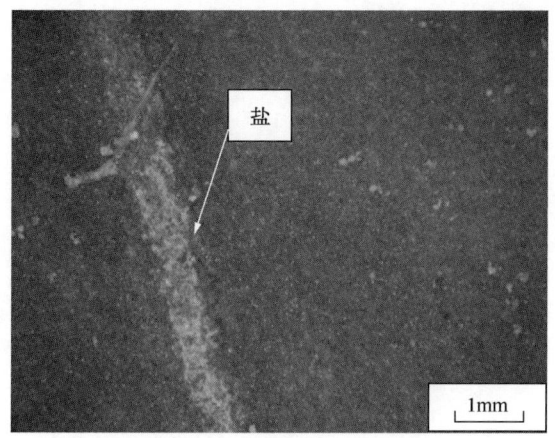

（c）泥页岩

图 5-3　盐间页岩储层样品显微镜观测（续）

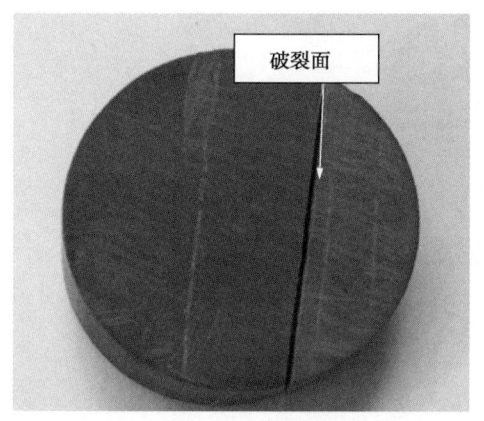 

图 5-4　钙芒硝页岩的盐晶体充填层理裂缝

二、扫描电子显微镜（SEM）观察

通过 SEM 分析盐间页岩样品内盐晶体的分布特征。图 5-5 和图 5-6 分别为干燥状态下和泡水状态下盐间页岩样品内盐晶体 SEM 图。从图中可以看出，3 种页岩样品有较大差距。白云质页岩在干燥时以簇状形式存在，每簇晶粒上盐晶体均较密集，各晶体大小不一，形态各异。泡水后，盐晶体很大程度上溶解，晶体形态逐渐消失，较难找到大体积的晶体。

钙芒硝页岩盐晶体分布较均匀，干燥时，盐晶体以相似距离分布在岩体上，晶体颗粒直径较小。泡水后，几乎无法辨别盐晶体颗粒。

泥页岩在干燥状态下，盐晶体主要分布在岩体软弱面形成的裂缝中，泡水后，盐晶体溶于软弱面之中，较难找出呈现颗粒形态的盐晶体。

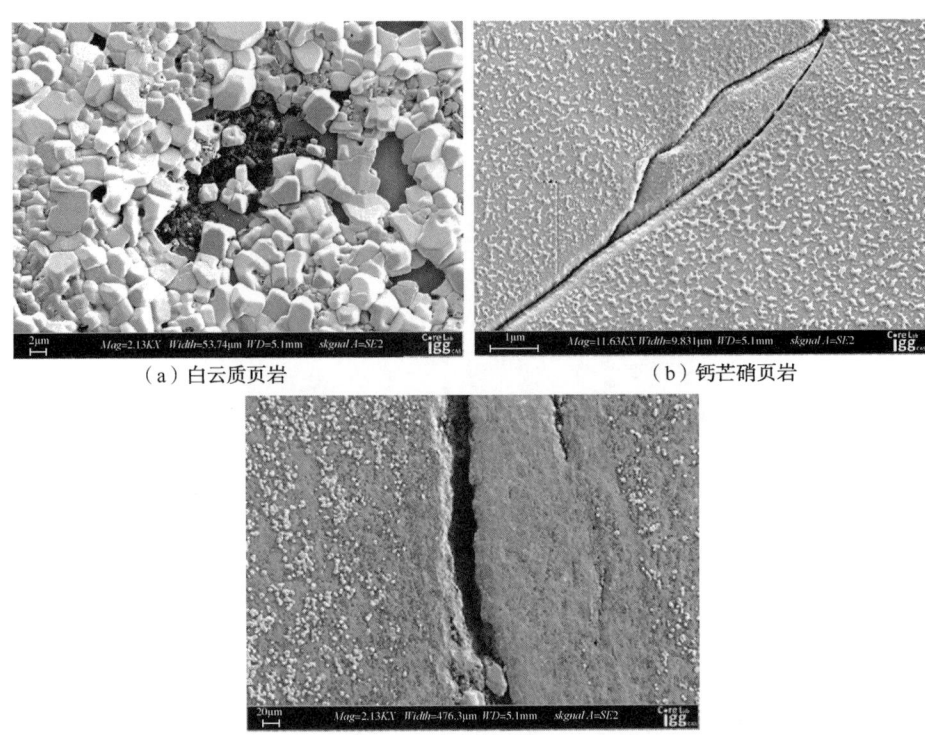

(a) 白云质页岩　　　　　　　　　　　(b) 钙芒硝页岩

(c) 泥页岩

图 5-5　干燥状态下盐间页岩样品内盐晶体 SEM 图

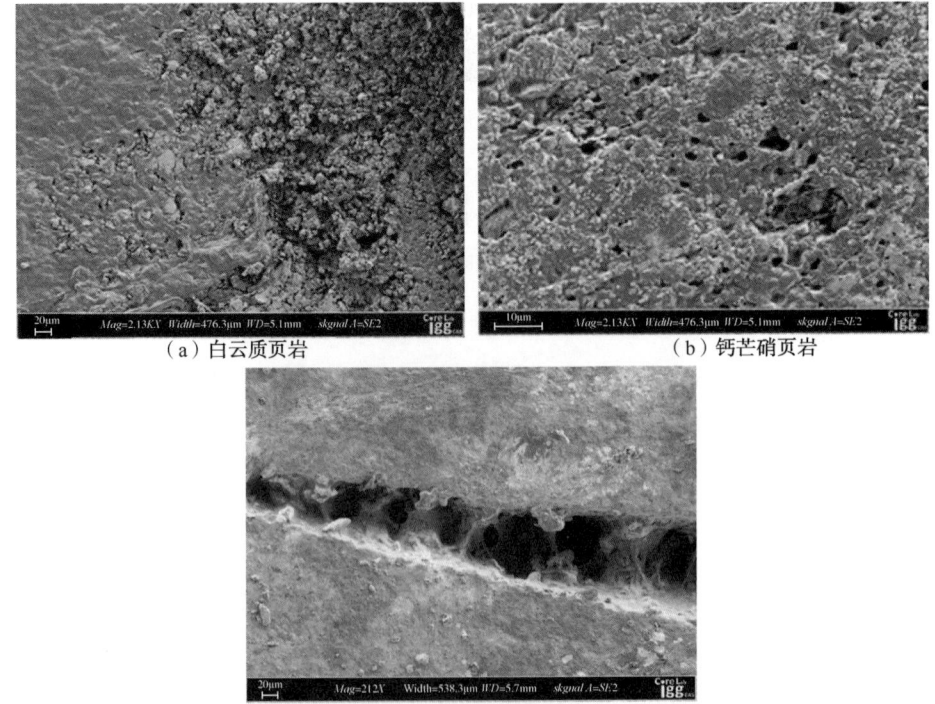

(a) 白云质页岩　　　　　　　　　　　(b) 钙芒硝页岩

(c) 泥页岩

图 5-6　泡水状态下盐间页岩样品内盐晶体 SEM 图

第三节 盐间页岩储层盐溶引起的孔隙结构变化

一、盐间页岩储层盐离子溶解及扩散能力

根据 Yang 等的成果开展颗粒样品的离子扩散实验。将 3 个盐间页岩样品粉碎成 100 目的颗粒，分别取 3g 颗粒样品置于 1000mL 蒸馏水中，搅拌均匀后测得初始电导率 G_0（表面离子密度）；保持溶液静止，在相同的电极深度下，测量溶液电导率 G 随时间的变化数据；绘制电导率 G 随时间 t 和时间的平方根 $\sqrt{t}$ 的变化曲线。

注入的水接触盐间页岩后，盐晶体发生溶解，电离出的盐离子在浓度差作用下发生扩散作用。可采用 Yang 等提出的粉末样品离子扩散能力实验来分析盐间页岩的表面盐离子含量和离子扩散速率。粉碎的样品粉末浸没于蒸馏水中，迅速搅拌后，表面的盐离子迅速溶解进入水中，测得的电导率很够很好地反映样品表面附着的盐离子质量。保持溶液静止，颗粒样品内部的盐离子开始扩散进入水中，逐渐提高水溶液的电导率，通过测量溶液电导率随时间的变化可以间接获得盐间页岩样品的离子扩散规律。

图 5-7 为电导率随时间和时间的平方根的变化曲线。图中虚线代表陆相页岩样品 GCG、海相页岩样品 LMX 和常规砂岩样品 SHZ 的离子扩散实验结果，主要用于对比、验证盐间页岩的实验结果。图 5-7 中，曲线总体趋势与文献中基本一致。电导率从初始电导率 G_0 开始随渗吸时间缓慢增加，初期增加较快，后期曲线逐渐趋于平缓。然而，盐间页岩储层 D 和 C 的电导率与 $\sqrt{t}$ 的线性关系较差，曲线存在较大的波动性。这可能与盐间页岩晶体溶解影响孔隙结构，进而影响盐离子的扩散速率有关。

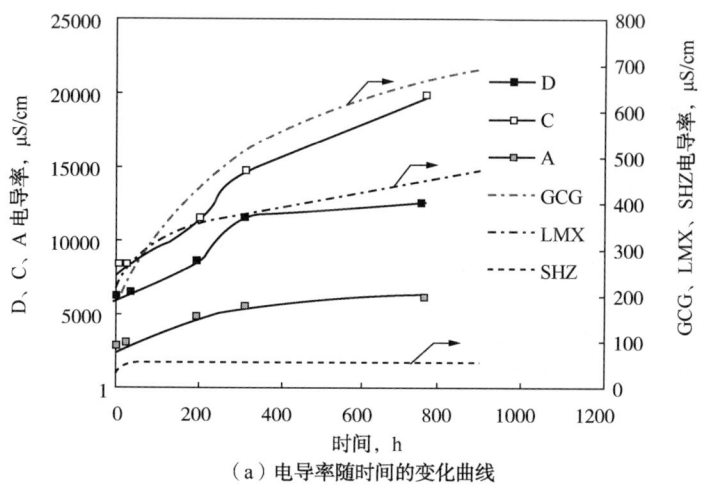

（a）电导率随时间的变化曲线

图 5-7 电导率随时间和时间的平方根的变化曲线

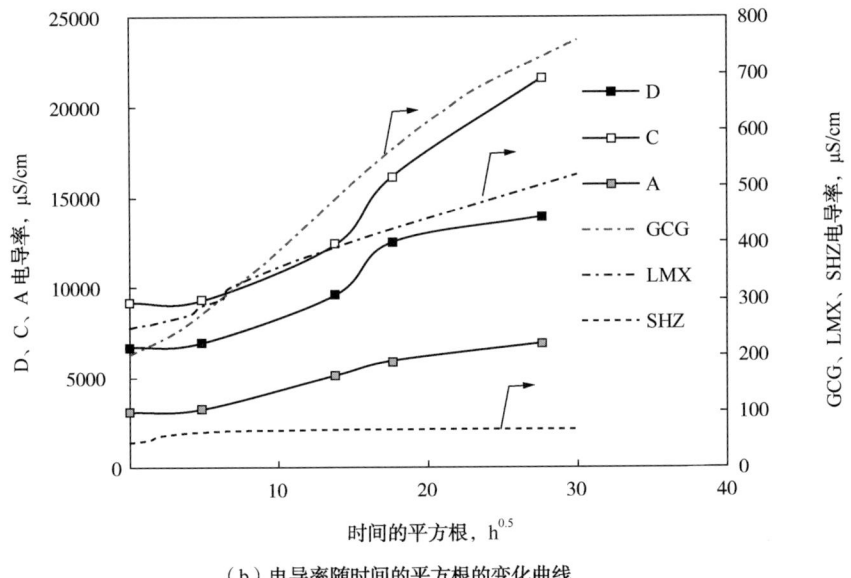

(b) 电导率随时间的平方根的变化曲线

图 5-7 电导率随时间和时间的平方根的变化曲线(续)

图 5-8 显示了盐间页岩储层盐离子扩散特征参数对比情况。盐间页岩储层的表面离子密度和离子扩散速率大大高于海相、陆相页岩储层,为海相、陆相页岩储层的 15~45 倍。根据 Yang 等的研究,四川盆地海相页岩储层也具有高盐度的特点,然而盐分主要分布在孔隙内壁和黏土矿物层间。而盐间页岩储层中盐离子主要以晶体的形式分散于岩石内部,是岩石骨架结构的一部分。相比海相页岩储层而言,压裂液吸入盐间页岩储层后发生的水—岩作用更强,盐晶体溶解对孔隙结构的影响也更加剧烈。

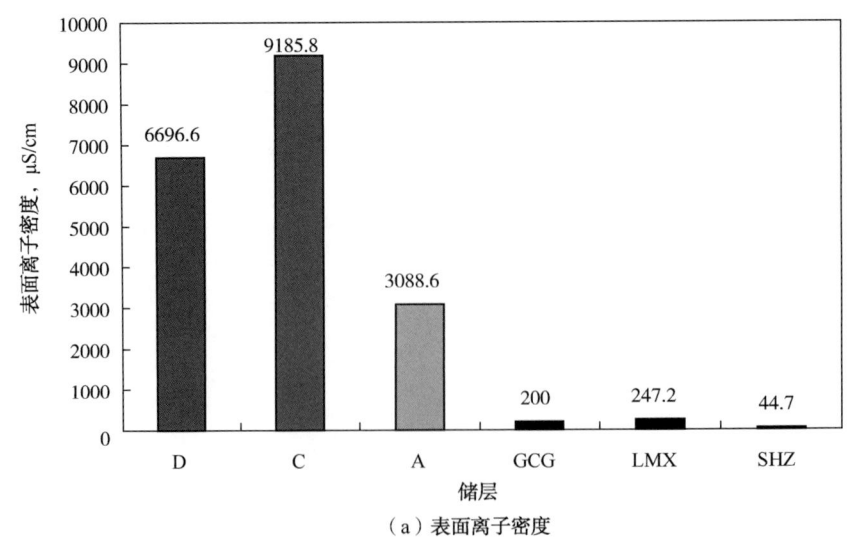

(a) 表面离子密度

图 5-8 盐间页岩储层盐离子扩散特征参数

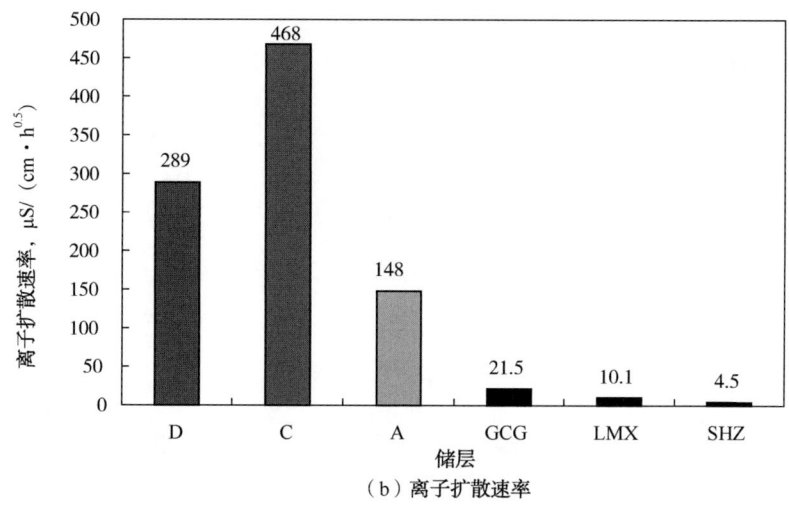

(b) 离子扩散速率

图 5-8　盐间页岩储层盐离子扩散特征参数(续)

二、盐间页岩储层盐溶对孔隙结构的影响

图 5-9 显示了盐间页岩储层样品渗吸实验过程中的外观变化情况。综合来看，3 种页岩样品在渗吸实验过程中，盐晶体随着浸泡时间的延长逐渐溶解，使得样品表面形态变化极大。白云质页岩中原有的晶体聚集体溶解，形成了较大的溶孔，直径为 1~5mm，说明晶体聚集体可以在水中全部溶解。钙芒硝页岩表面的层理微裂缝或弱面逐渐扩展，形成了大量的平行于层理的微裂缝。原有的层理弱面处于开启状态，渗透性较好，水渗吸进入弱面中溶解充填的盐晶体，形成大量的层理裂缝。泥页岩在渗吸初期(约 2h)出现了层状崩落现象(图 5-10)，随着渗吸时间的延长，样品表面出现越来越多的小凹坑。

渗吸实验过程中，盐间页岩的孔隙结构变化是由于盐晶体的溶解引起的，因此表面的凹坑、裂缝、溶孔也反映了盐晶体的分布特征[2]。结合实验前的肉眼观察和显微镜观测可知，盐间页岩储层中盐晶体主要有 3 种分布模式——晶体聚集型、充填弱面型和密集分布型(图 5-11)。分布模式不同，水—岩相互作用对孔隙结构的影响也不同。

渗吸实验后，将样品在 75℃下烘干，测量孔隙度和渗透率，并对样品进行抽真空加压饱和煤油，置于核磁共振中测量 T_2 谱。表 5-3 中列出了实验前后页岩储层样品物性参数对比情况。从表中可以看出，自发渗吸实验后，页岩储层样品孔隙度和渗透率都有了大幅度提升。观察 T_2 谱可知，大孔部分明显增加。焖井期间，水自发渗吸进入盐间页岩储层后，盐晶体的溶解一定程度上可以改善储层的物性特征参数。

表 5-3　实验前后物性参数对比

样品	孔隙度		渗透率，mD	
	实验前	实验后	实验前	实验后
白云质页岩 D	4.4	15	0.0062	2
钙芒硝页岩 C	1.7	8	0.15	5

10h	24h	72h

（a）白云质页岩

10h	24h	72h

（b）钙芒硝页岩

10h	24h	72h

（c）泥页岩

图 5-9　盐间页岩储层样品不同浸泡时间下的外观

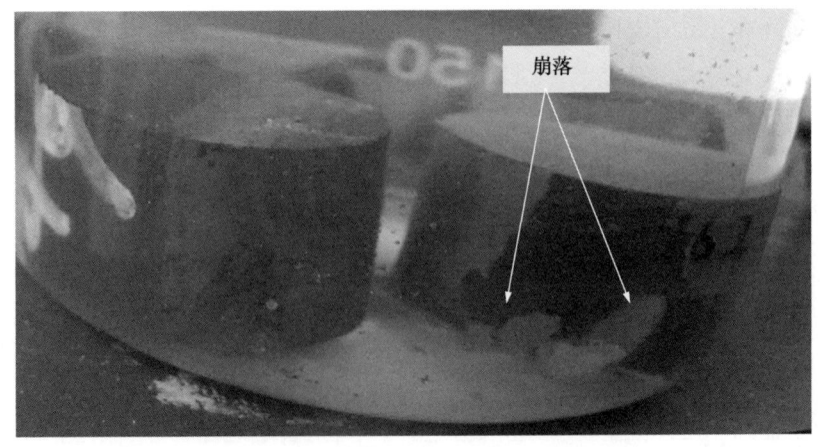

图 5-10　泥页岩样品渗吸初期的崩落现象

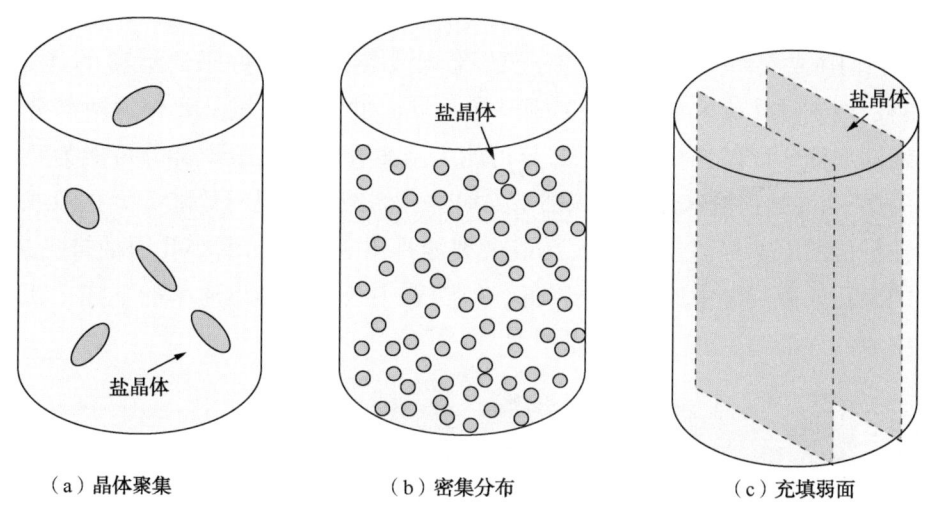

(a) 晶体聚集　　　　　　(b) 密集分布　　　　　　(c) 充填弱面

图 5-11　盐间页岩储层中盐晶体的分布特征

第四节　盐间页岩储层渗吸—离子扩散引起的油相迁移规律

取 3 种页岩油储层样品，真空加压饱和煤油，全部浸泡于 $MnCl_2$ 溶液中；一段时间后，取样品，擦拭表面的液体，分别测量样品质量和核磁共振 T_2 谱；重复以上实验步骤，绘制 T_2 谱随时间的变化曲线，分析油水两相在孔隙中的迁移机制。

一、盐间页岩储层油相微观运移规律

水在毛细管力作用下自发渗吸进入页岩储层，将基质孔隙中的原油驱替出来，油滴附着于样品表面(图 5-12)。页岩储层样品 A 析出的油滴体积较大，储层样品 D 和 C 表面油滴体积较小。核磁信号幅度 T_2 曲线变化能够很好地反映不同孔隙中的原油动态变化(图 5-13 至图 5-15)。从图 5-13(a)、图 5-14(a)、图 5-15(a) 中可以看出，储层样品 D、C 和 A 的谱面积随渗吸时间逐渐降低，说明孔隙中的油滴逐渐被水驱替出来。从渗吸实验开始到 439h 时，储层样品 D、C 和 A 的谱面积分别降低了约 1723、300 和 2732。相比而言，储层样品 A 具有更高的原油排出速率，这与 A 析出的油滴体积较大现象一致。这与储层 A 具有较高的孔隙度和渗透率有关。

原始的 T_2 谱(信号幅度—T_2 弛豫时间)反映的是孔隙中原油排出动态，难以反映出不同孔隙间的原油迁移规律。研究中采用不同时刻的 T_2 谱与初始时刻的 T_2 谱的差值来分析原油在孔隙间的迁移规律。可用幅度差(D-value)作为表征参数(Liu 等，2016)，如图 5-13(b)、图 5-14(b) 和图 5-15(b) 所示。D-value 的负值代表信号幅度下降，油滴逐

渐被排出；D-value的正值代表信号幅度上升，产生了新的孔隙或裂缝，并且油滴逐渐运移进入新生的孔隙或裂缝中。可见，新生的孔隙或裂缝可作为原油运移的通道。此外，图 5-13(b)、图 5-14(b)和图 5-15(b)中，D-value 的正值区域主要分为两部分：实线框部分和虚线框部分。可以推测实线框部分可能为新生孔隙，虚线框部分可能为微裂缝。此外，所有的D-value的正值区域的面积都是先增加，后减小。说明伴随着大孔隙或微裂缝的生成，小孔排出的原油经过新生的大孔或微裂缝排出。由于初期小孔原油排出速率较高，因此新生的大孔或微裂缝中原油不会降低。但随着小孔原油排出速率的下降，新生的大孔或微裂缝中原油逐渐减少。

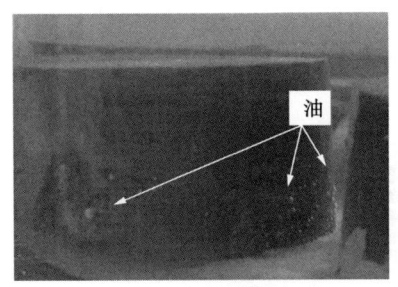
（a）储层样品D

（b）储层样品C

（c）储层样品A

图 5-12　储层样品渗吸排油照片

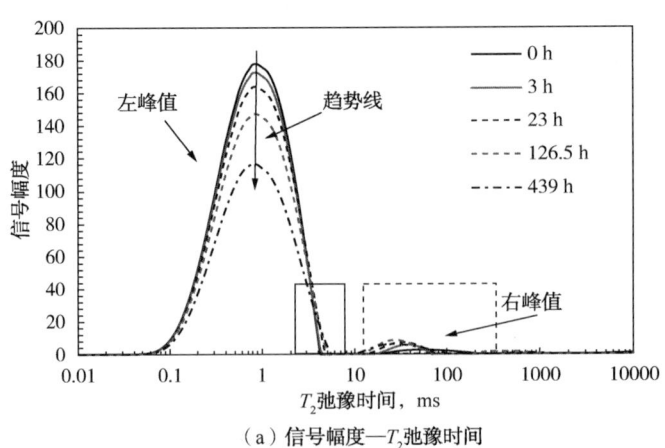
（a）信号幅度—T_2弛豫时间

图 5-13　储层样品 D 渗吸过程中的核磁信号幅度—T_2 弛豫时间和幅度差—T_2 弛豫时间变化曲线

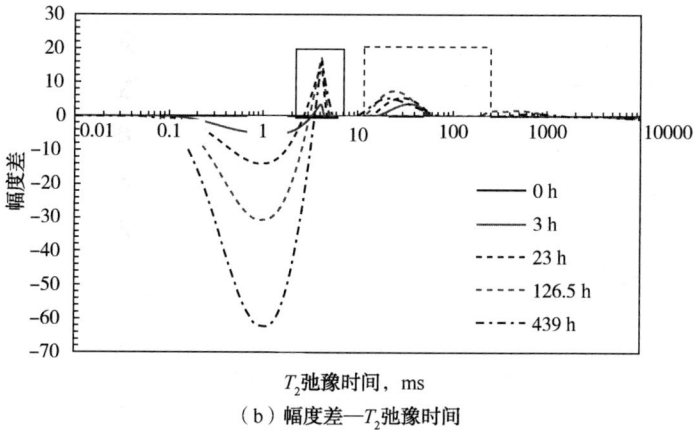

（b）幅度差—T_2弛豫时间

图 5-13　储层样品 D 渗吸过程中的核磁信号幅度—T_2 弛豫时间和幅度差—T_2 弛豫时间变化曲线（续）

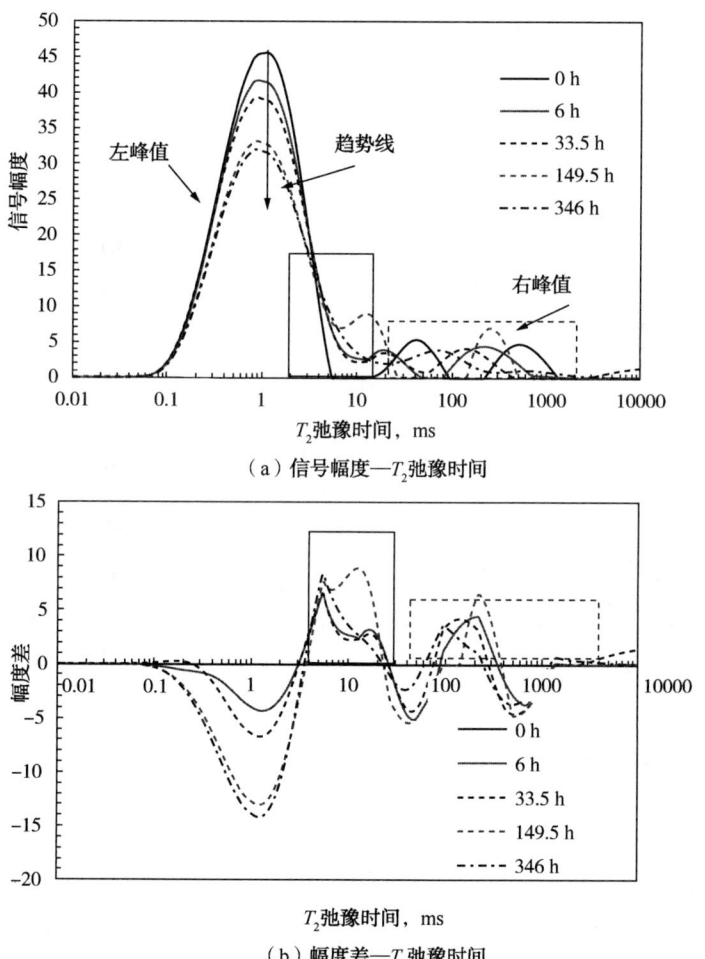

图 5-14　储层样品 C 渗吸过程中的核磁信号幅度—T_2 弛豫时间和幅度差—T_2 弛豫时间变化曲线

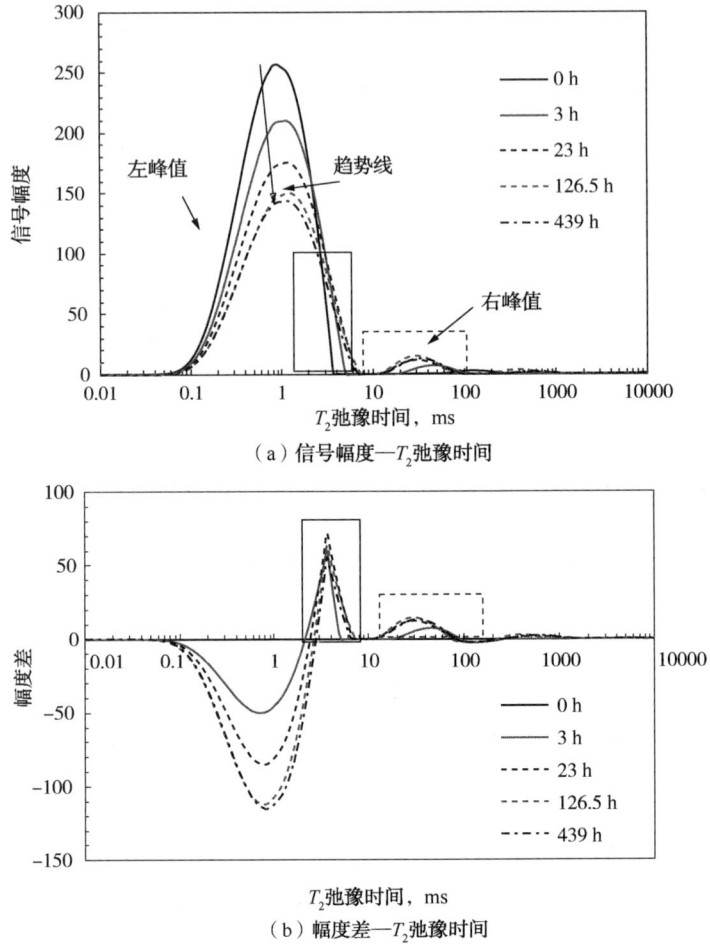

图 5-15 储层样品 A 渗吸过程中的核磁信号幅度—T_2 弛豫时间和幅度差—T_2 弛豫时间变化曲线

二、盐间页岩储层渗吸排油效率

水在毛细管力作用下渗吸进入页岩储层，基质孔隙中的油滴被排出。水（$MnCl_2$ 溶液）的密度高于煤油的密度。理论上，随着渗吸时间的增加，样品的质量逐渐增加。带有核磁信号的煤油被无信号的 $MnCl_2$ 溶液取代，谱面积会随着时间逐渐降低。图 5-16 显示了样品质量和谱面积随时间的变化情况。

与理论预测一致，储层样品 D、C 和 A 的谱面积随着渗吸时间逐渐下降，并且下降的速率逐渐放缓。然而，储层样品 D 和 C 的质量随着时间逐渐下降，这可能与样品内盐晶体不断溶解有关，也与储层 D 和 C 的高表面离子密度的特征吻合（图 5-8）。储层样品 A 的质量初期迅速下降，后面逐渐上升，与实验初期样品表面出现崩落有关（图 5-10）。

渗吸采收率是通过谱面积的变化与原始谱面积的比值计算得到的。渗吸采收率与储层特征参数、流体性质、边界条件等因素有关，众多学者已对此进行深入研究，这里不再进

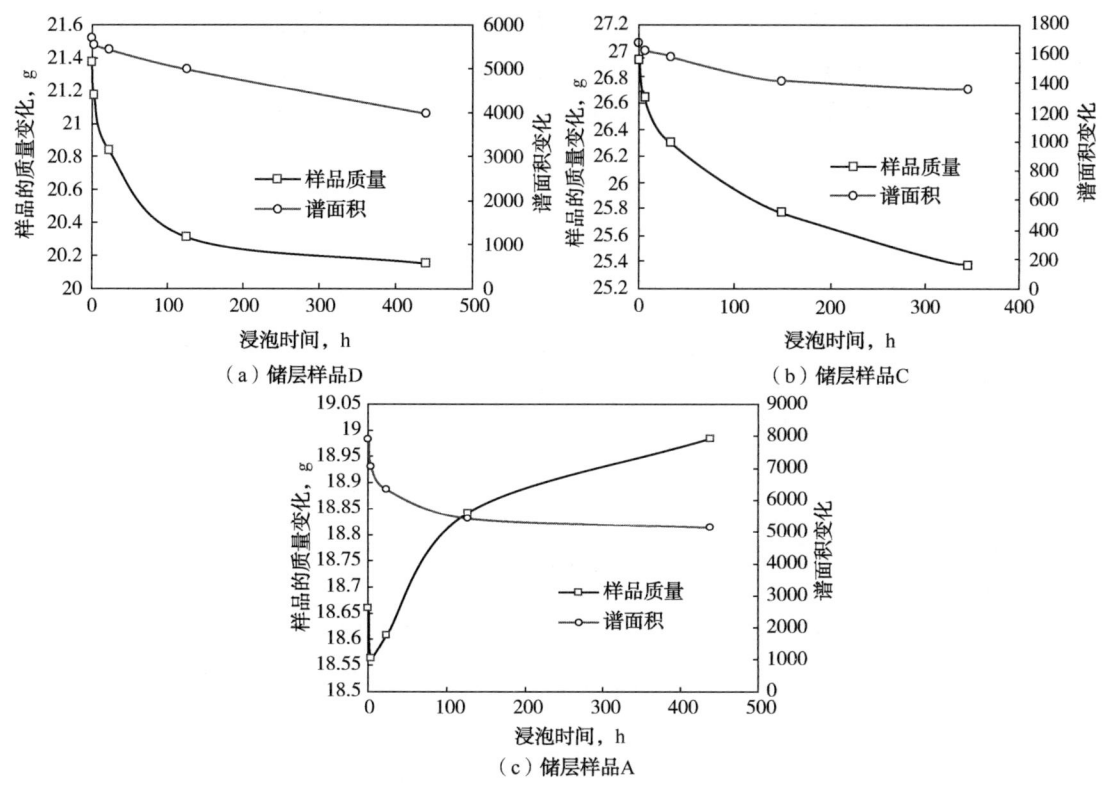

图 5-16 样品质量和谱面积随时间的变化情况

行分析。为了分析盐晶体含量对渗吸采收率的影响，有必要采用无量纲渗吸时间进行分析。无量纲渗吸时间是根据式(5-3)计算得到的。

$$t_D = t\sqrt{\frac{K}{\phi}} \cdot \frac{\sigma}{\sqrt{\mu_w \mu_o} L_c^2} \tag{5-3}$$

式中 t_D——无量纲时间；

t——渗吸时间，s；

K——岩心渗透率，mD；

ϕ——岩心孔隙度，%；

μ_w，μ_o——润湿相和原油的黏度，Pa·s；

L_c——岩心特征长度，cm。

煤油与水接触时的界面张力可取 45mN/m，考虑到 3 个样品都是采用水和煤油进行实验，因此界面张力的取值并不影响分析结果。然而，无量纲渗吸时间 t_D 难以反映渗吸速率的大小。根据 Akin 等的研究可知，可绘制渗吸采收率与无量纲时间的平方根曲线，通过对比曲线斜率来定量分析渗吸速率(图 5-17)。可知，页岩储层样品 D、C 和 A 的无量纲渗吸速率分别为 0.28、0.11 和 0.72。图 5-18 显示了表面离子密度与无量纲渗吸速率的关系，从图中可以看出，两者呈较好的负相关关系。页岩储层内含盐量越高，无量纲渗吸速率反而越低。跟预期并不一致，盐晶体溶解会生成大量的孔隙和微裂缝，表面上提高了储层的孔隙度和渗透率。然而由于盐晶体的溶解，崩落的晶体颗粒或骨架颗粒松动，开始堵塞基质孔隙，使得基质孔隙中的原油难以运移出来，只有少部分可以进入新生的大孔隙和微裂缝中。因此，大量盐晶体的溶解反而不利于原油的产出。

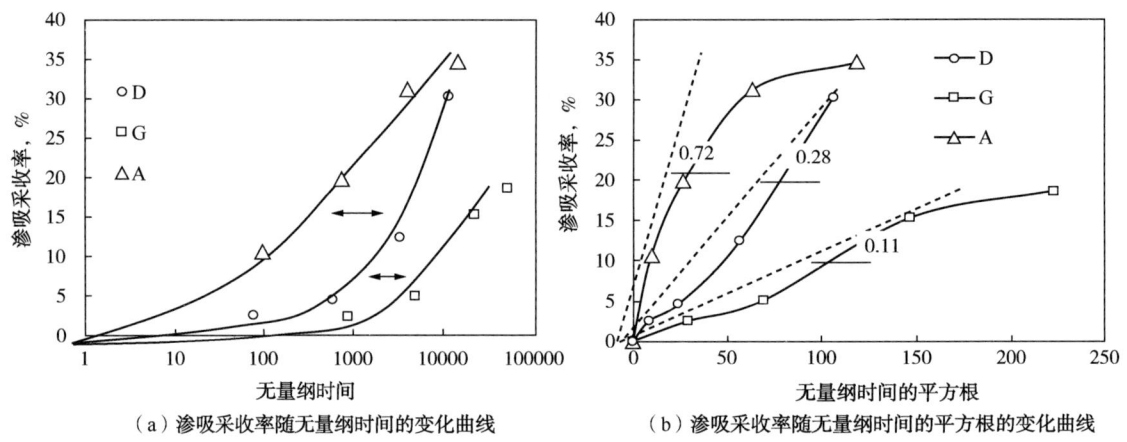

（a）渗吸采收率随无量纲时间的变化曲线　　（b）渗吸采收率随无量纲时间的平方根的变化曲线

图 5-17　渗吸采收率随无量纲时间和无量纲时间的平方根的变化曲线

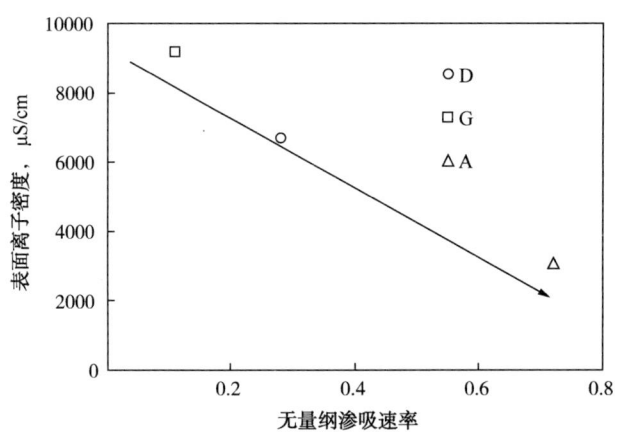

图 5-18　表面离子密度与无量纲渗吸速率的关系

煤油的质量与谱面积呈良好的线性关系，可通过谱面积的变化计算排出煤油的体积，结合水与煤油的密度差，可以计算得到样品质量随时间的变化情况（不考虑盐晶体溶解）。理论上，计算得到的质量变化没有考虑盐晶体的溶解，因此样品质量要高于实际样品的质量变化[图 5-19(a)和图 5-19(b)]。但是，储层样品 A 的实际样品质量要高于理论样品质量[图 5-19(c)]。这与新生的孔隙或微裂缝有关。当盐晶体溶解后，产生了新的孔隙或微裂缝，此时新生的孔隙或微裂缝被水（$MnCl_2$ 溶液）占据，之后煤油逐渐运移进入这些新生的孔隙或微裂缝，被核磁共振仪监测到，但是油并不能完全充满这些孔隙，可见 D-value 的正值区域显示的并不是新生的孔隙或微裂缝的体积,只是其中油的体积。因此,样品的实际质量变化会超过理论计算结果。

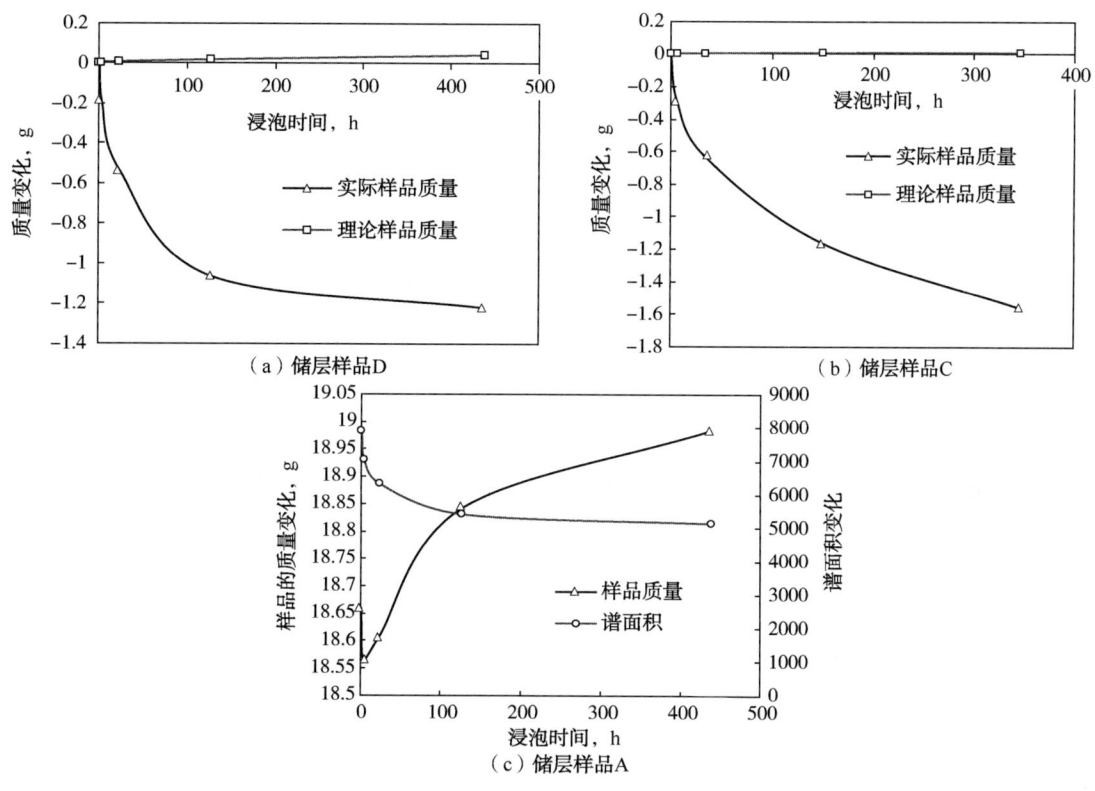

图 5-19　样品质量和谱面积随时间的变化情况

可见,盐间页岩储层渗吸规律极其复杂,涉及多个物理过程。水自发渗吸进入储层内,盐晶体接触水会溶解,盐离子开始在浓度差作用下发生扩散作用[3]。同时,盐晶体的溶解也会改变孔隙结构,影响原油的运移。这样复杂的物理现象,仅仅采用核磁共振、天平作为测量手段是不够的,有必要引入电导率仪,同步分析溶液中电离出的离子含量。

第五节　小　　结

本章针对潜江凹陷的页岩油储层开展自发渗吸实验,分析原油在盐间页岩储层中的分布特征,研究盐间页岩中盐晶体溶解引起的孔隙结构变化,阐明盐间页岩的渗吸过程中原油迁移规律及影响因素。主要结论如下:

(1) 盐间页岩吸入压裂液后,骨架结构中的盐颗粒发生溶解,产生溶孔;含盐弱面发生开裂,形成裂缝;盐晶体的溶解也引起样品表面崩落。

（2）盐间页岩储层离子扩散能力是海相页岩储层的 15~45 倍，说明盐离子不仅仅来源于沉积水体环境，主要取决于骨架结构中的盐晶体颗粒。

（3）盐间页岩储层吸入压裂液后，盐晶体溶解产生的溶孔和裂缝能够明显地提高储层的孔隙度和渗透率。

参 考 文 献

[1] Dehghanpour H, Lan Q, Saeed Y, et al. Spontaneous imbibition of brine and oil in gas shales: Effect of water adsorption and resulting microfractures[J]. Energy & Fuels, 2013, 27(6): 3039-3049.

[2] Ge H K, Yang L, Shen Y H, et al. Experimental investigation of shale imbibition capacity and the factors influencing loss of hydraulic fracturing fluids[J]. Petroleum Science, 2015, 12(4): 636-650.

[3] Zolfaghari A, Dehghanpour H, Ghanbari E, et al. Fracture characterization using flowback salt-concentration transient[J]. SPE Journal, 2016, 21(1): 233-244.

第六章 页岩储层压裂液渗吸与离子扩散相互作用机理

前文开展了页岩储层的压裂液渗吸和离子扩散实验,并分别研究了其影响因素。压裂液吸收包括渗吸和离子扩散两个同步进行的过程,根据驱动力的不同,渗吸包括毛细管力驱动下的渗吸和黏土矿物渗透压驱动下的渗吸。本章在前文实验基础上,分析毛细管力和黏土矿物渗透压共同驱动下的渗吸机理及渗吸过程中的离子扩散机理;阐明压裂液渗吸特征及其与孔径分布、孔隙连通性的关系;建立渗吸—离子扩散同步进行的物理模型,并进行敏感性参数分析。研究成果对深入认识页岩储层压裂液吸收的微观机理具有重要的意义。

第一节 页岩储层压裂液渗吸机理

一、毛细管力渗吸

将一根干净的毛细管插入水中,在毛细管力作用下,液面上升至一定高度(图6-1)。液柱受到两个力——表面张力和重力的作用,当液柱稳定后,二者达到平衡,关系为

$$\sigma\cos\theta \cdot 2\pi r = \pi r^2 h \rho_w g \tag{6-1}$$

式中 σ——油水界面张力,N/m;
  r——柱体半径,cm;
  h——柱体高度,cm;
  ρ_w——水的密度,g/cm^3;
  g——重力加速度,N/kg。

凹液面两侧气相和液相压力之差为毛细管力,方向指向凹面内侧。即

$$p_c = p_g - p_w = \rho g h \tag{6-2}$$

式中 p_c——毛细管力,Pa;
  p_g——大气压力,Pa;
  p_w——水柱压强,Pa。

联立两个方程,得

$$p_c = \frac{2\sigma\cos\theta}{r} \tag{6-3}$$

假定接触角为 17.9°,表面张力为 0.071N/m,根据式(6-1)计算不同孔径下的毛细管力。图 6-2 为毛细管力随孔径变化图,从图中可以看出,随着孔径增加,毛细管力迅速下降;假定页岩平均孔径分布为 7~25nm,则毛细管力为 5.3~19MPa,页岩的毛细管力是常规砂岩的几十倍,甚至上百倍,对水基压裂液具有非常强的渗吸作用。

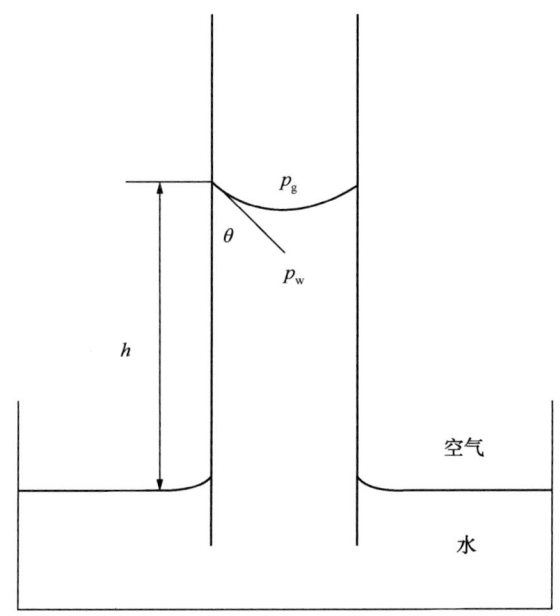

图 6-1 毛细管中液面上升

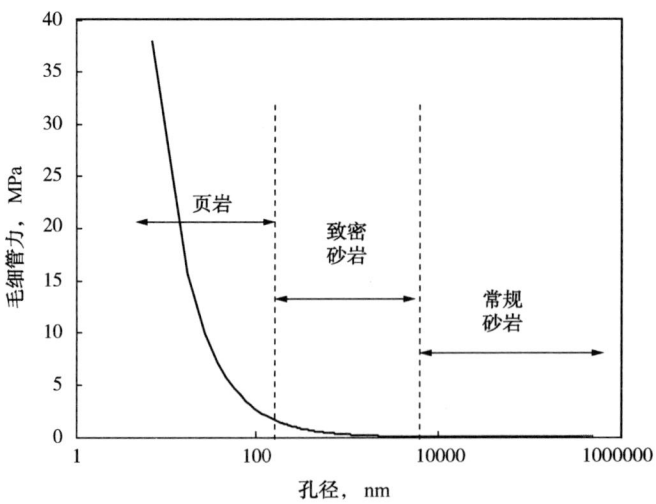

图 6-2 毛细管力随孔径变化图

在多孔介质渗吸特征方面的研究过程中，往往将多孔介质等效为平直毛细管束。对于一维活塞式水平渗吸，重力忽略不计，前缘流速为

$$v = \frac{K_w}{\mu_w} \frac{\mathrm{d}p_c}{\mathrm{d}x} = \frac{K_w}{\mu_w} \frac{p_c}{x} \tag{6-4}$$

根据质量守恒方程，前缘流速为

$$v = \phi\, S_{wf} \frac{\mathrm{d}x}{\mathrm{d}t} \tag{6-5}$$

方程联立，得

$$V_{imb} = \sqrt{\frac{2\, p_c A_c^2 \phi\, K_w S_{wf}}{\mu_w}} \sqrt{t} \tag{6-6}$$

式中　V_{imb}——吸水体积，cm^3；

A_c——截面积，cm^2；

S_{wf}——前缘含水饱和度，%。

式(6-6)即为 Handy 模型，可以看出吸入水的体积与时间的平方根呈很好的直线关系，是前文中渗吸实验数据分析的基础。然而，实际的油气藏岩石是由颗粒胶结而成的，平直毛细管束的假设并不能很好地适用于实际岩石。图6-3为两个等直径的颗粒接触示意图，流体在颗粒周围呈环形分布，气体位于孔隙中间部分，两相之间有一弯曲凹面。垂直剖面和水平剖面的曲率半径分别为 R_1 和 R_2，由于两个曲率半径难以测量，故采用平均曲率半径 R_m 代替，则毛细管力为

$$p_c = \sigma \left(\frac{1}{R_1} + \frac{1}{R_2} \right) = \frac{2\sigma}{R_m} \tag{6-7}$$

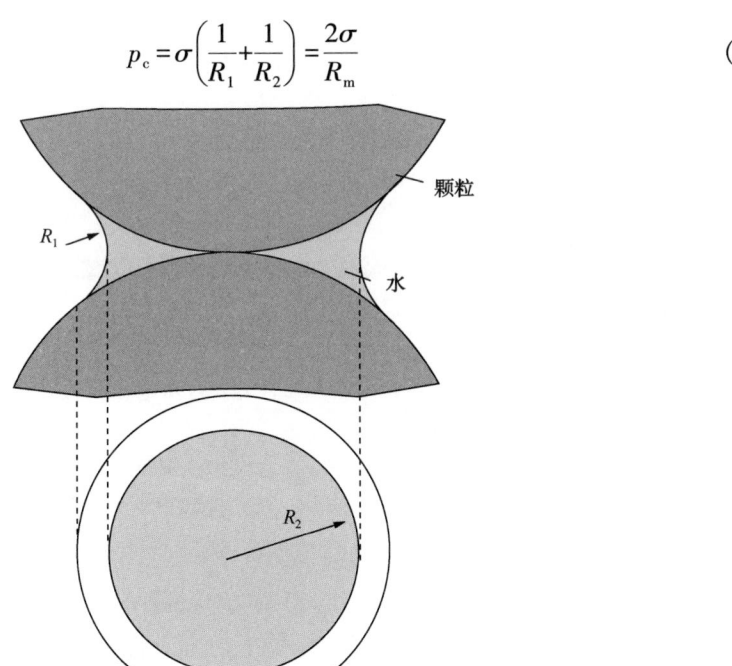

图 6-3　两个等直径的颗粒接触示意图

在实际的油气藏岩石中，由于小孔的毛细管力较高，故润湿相流体优先充满直径较小的孔隙。随着润湿流体饱和度的增加，开始进入直径更大的孔喉。当润湿流体饱和度增加时，环形流体的体积增加，R_m 变大，则毛细管力会明显下降。反之，润湿流体饱和度减少时，毛细管力变大。可见，实际的油气藏岩石中，毛细管力与润湿相饱和度存在一定的关系。Shaoul J R 等分析了致密储层的含水饱和度与毛细管力之间的关系，认为毛细管力与含水饱和度、孔隙度、渗透率和表面张力有关，计算公式为

$$p_c = \frac{\sigma}{a\,(S_w)^b}\left(\frac{\phi}{K}\right)^c \tag{6-8}$$

式中　a，b，c——系数，这里分别取 2.1、6.2 和 0.48。

图 6-4 为页岩储层毛细管力与含水饱和度的关系曲线。从图中可以看出，渗透率和含水饱和度越低，毛细管力越大；在相同渗透率的条件下，毛细管力随着含水饱和度的降低而迅速升高，且渗透率越低的储层，含水饱和度对毛细管力的影响越大，对高渗透储层而言，毛细管力较小，含水饱和度的影响较小。

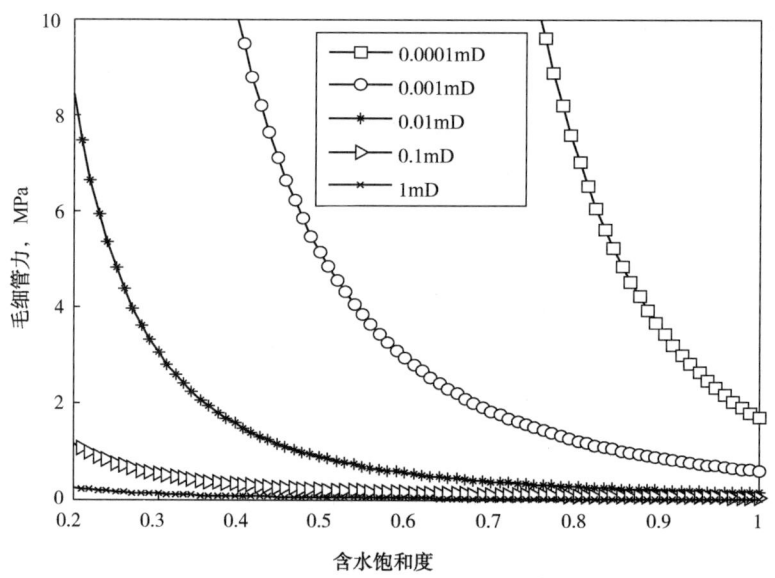

图 6-4　页岩储层毛细管力与含水饱和度的关系曲线

页岩储层具有超低含水饱和度(0.2~0.4)和高束缚水饱和度(>0.8)。超干页岩与水基压裂液接触后会迅速产生较强的吸水作用，含水饱和度由超低的初始含水饱和度上升至束缚水饱和度(图 6-5)。可以看出，原始地层条件下的页岩储层不仅具有高毛细管力，还有较强的毛细管势能，渗吸作用会大大超过常规砂岩储层[1]。然而，页岩储层的毛细管力渗吸往往在初期起主要作用，随着含水饱和度的上升，毛细管力和毛细管势能都会迅速下降，毛细管渗吸作用也会迅速减弱。

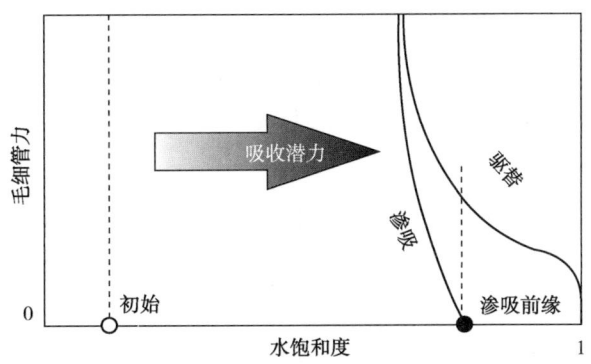

图 6-5　具有超低含水饱和度的页岩气水毛细管力渗吸曲线

二、化学渗透压渗吸

1. 页岩半透膜特性的微观机理

页岩具有半透膜特性,即只允许水分子通过,而不允许盐离子通过或只允许部分盐离子通过。半透膜特性是导致化学渗透压存在的关键因素,可以通过黏土矿物扩散双电层理论来解释半透膜特性的微观机理。

黏土矿物颗粒带负电,为了保持电中性,必然要在表面吸附大量的阳离子。由于吸附的阳离子在黏土矿物颗粒表面聚集,使得颗粒周围阳离子浓度高于主体溶液的阳离子浓度,在浓度差和分子热运动的作用下,阳离子趋向于扩散进入溶液中(图 6-6)。黏土矿物扩散双电层是表面吸附和扩散运动共同作用的结果[2]。

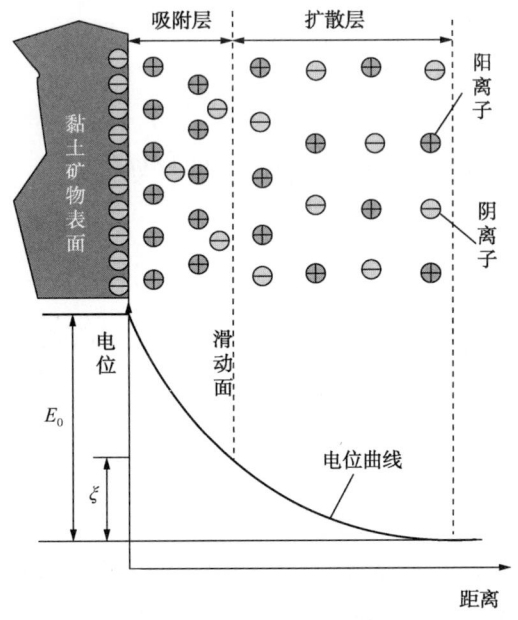

图 6-6　扩散双电层示意图

(1) 吸附层。

吸附层主要为水化阳离子层，厚度为几埃，距离黏土矿物表面较近，内部静电引力强，往往随着黏土矿物颗粒一起运动。

(2) 扩散层。

扩散层为由水化阴离子和阳离子组成的离子层，厚度为 10~100Å，距离黏土矿物表面越远，离子浓度越低，内部静电引力越弱。

(3) 滑动面。

黏土矿物颗粒运动时，吸附层阳离子随着颗粒一起运动，而扩散层阳离子的运动具有滞后现象，因此在吸附层与扩散层之间呈现出一个滑动面。

(4) 热力电位 E_0。

热力电位表征了黏土矿物带电量，热力电位越高，黏土矿物带电量越大，吸附的阳离子也越多。

(5) 电动电位 ζ。

电动电位取决于扩散层内阳离子与阴离子带电量的差值，电动电位越高，扩散层内阳离子带电量越大，扩散层越厚，黏土矿物颗粒之间排斥力越强，分散性就越好。

黏土矿物颗粒表面的电势分布可以用泊松方程[式(6-9)]来描述。

$$\frac{d^2 E(x)}{dx^2} = -\frac{\rho(x)}{\varepsilon_0 \varepsilon_r} \tag{6-9}$$

式中　$E(x)$——距离黏土矿物颗粒表面 x 处的电势，mV；

$\rho(x)$——距离黏土矿物颗粒表面 x 处净电荷密度，cm^{-3}；

ε_0——真空中的电介质常量，$8.854187817 \times 10^{-12}$ F/m；

ε_r——溶液的相对电介质常量。

距离黏土矿物颗粒表面 x 处净电荷密度计算公式为

$$\rho(x) = -2Zq\rho(\text{bulk}) \sinh[ZqE(x)] \tag{6-10}$$

式中　Z——离子化合价；

q——元电荷电量，C；

$\rho(\text{bulk})$——电解质浓度，mol/L。

在电势非常低[如 $E(x)$ 小于 50mV]的情况下，式(6-9)和式(6-10)可以简化为

$$\frac{d^2 E(x)}{dx^2} \cong \kappa^2 E(x) \tag{6-11}$$

则解为

$$E(x) \cong E_0 e^{-\kappa x} \tag{6-12}$$

其中 κ 为德拜长度。德拜长度是长度量纲，表征黏土矿物颗粒表面电势的衰减距离，即"双电层厚度"。与溶液的温度和电解质浓度有关，温度越高，德拜长度越大；电解质浓度越高，德拜长度越小，则扩散双电层厚度趋向于被压缩。

0.1mol/L 和 0.0001mol/L 的 NaCl 溶液的德拜长度分别为 0.96nm 和 9.65nm，计算中取热力电位 E_0 为 50mV，德拜长度分别为 0.96nm、3.05nm、9.65nm 和 30.5nm，计算距离黏土矿物表面的电势衰减剖面(图 6-7)。表明电势随着距离的增加迅速衰减；德拜长度越大，衰减越慢。

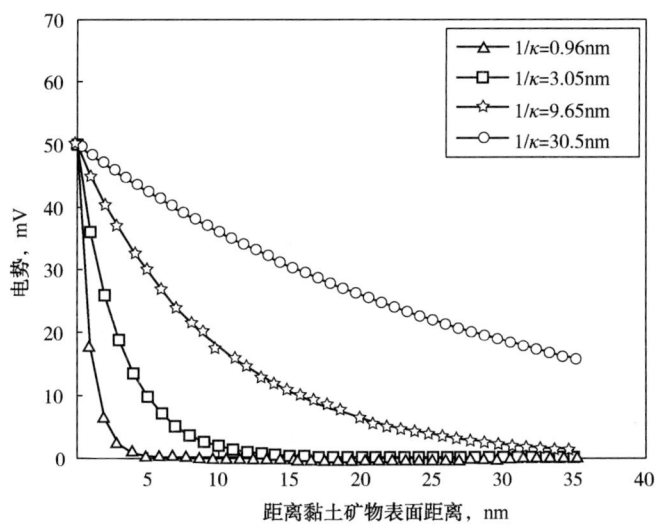

图 6-7　黏土矿物表面电势分布

黏土矿物的扩散双电层理论能够很好地解释页岩的半透膜特性[3]。图 6-8 显示了常规储层和页岩储层扩散双电层。在常规砂岩储层中，孔隙直径较大，黏土矿物颗粒表面的扩散层并不重叠(x 远大于 κ^{-1})，因此中间形成一个电中性带，水分子和带电离子都可以自由进入黏土矿物层[图 6-8(a)]；然而，页岩储层发育微纳米孔隙，黏土矿物颗粒表面的扩散层出现重叠(x 小于 κ^{-1})，中间阳离子浓度高于主体溶液浓度，电中性带消失，只能允许水分子自由进入黏土矿物层。

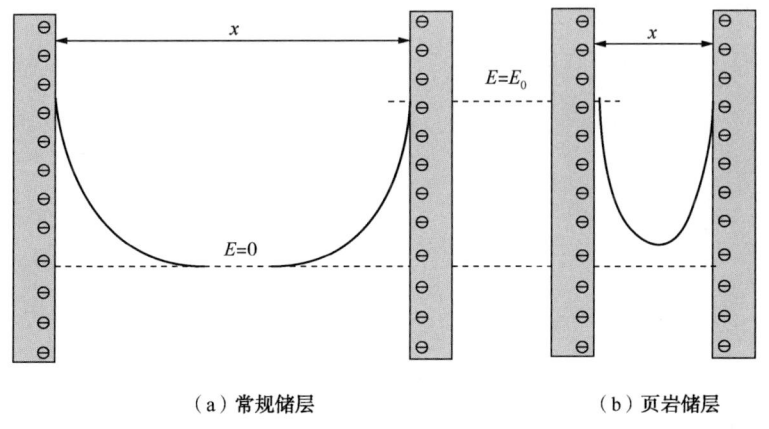

(a) 常规储层　　　　　　(b) 页岩储层

图 6-8　常规储层和页岩储层扩散双电层

页岩孔径分布范围较大，发育微裂缝或宏孔(大于 50nm)、介孔(2~50nm)和微孔(小于 2nm)。一般来说，黏土矿物颗粒聚体的大小大于 1000nm，黏土矿物颗粒之间的距离为 10~100nm，而黏土矿物晶格层之间的距离小于 10nm。介孔和微孔对带电离子的限制作用较好，而宏孔的限制作用相对较弱。因此，页岩在宏观上展现出非理想的半透膜特性。

2. 化学渗透压

化学渗透(Osmosis)指的是水分子经过半透膜从低盐度溶液一侧进入高盐度溶液一侧以保持盐度平衡的现象。化学渗透过程提高了高盐度溶液的压力，这个压力叫作渗透压。Kurtoglu B 认为压裂液与页岩接触面存在半透膜效应，滑溜水压裂液的盐度为 1~5mg/g，页岩储层的盐度可以达到 280mg/g，大量低盐度滑溜水注入地层后，在化学渗透压作用下，水通过页岩半透膜进入储层基质中(图 6-9)。

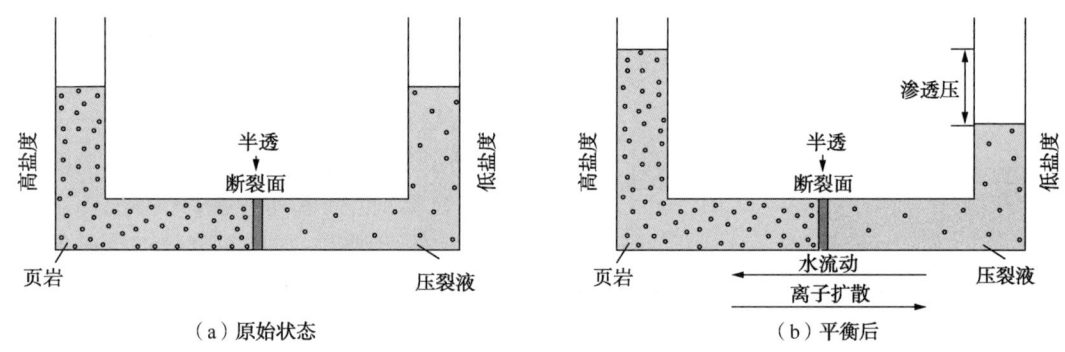

图 6-9 渗透压影响示意图

在理想半透膜作用下，只有水分子可以通过半透膜，而溶液中的离子不能通过[4]。因此，半透膜两边产生较高的压力差。页岩为非理想半透膜，即水分子可以自由通过半透膜，而压裂液中的盐离子不能通过或只能部分通过半透膜。一般采用膜效率来评价半透膜允许盐离子通过的程度，膜效率越高，说明页岩越接近理想半透膜。页岩气储层的膜效率一般位于 0.1~0.3，有的甚至低于 0.1。

Marine I W 和 Fritz S J 提出引起页岩吸水的化学渗透压可以通过式(6-13)描述。

$$p_\pi = -\eta \frac{RT}{V} \ln \frac{A_{sh}}{A_f} \tag{6-13}$$

式中　η——膜效率，0~1；

　　　R——气体常数，8.314J/(K·mol)；

　　　T——绝对温度，K；

　　　V——水的偏摩尔体积，$18 \times 10^{-6} m^3/mol$；

　　　A_f，A_{sh}——溶液和页岩孔隙流体的活度。

当 A_{sh} 小于 A_f 时，渗透压作用使得溶液中的水进入页岩，引起页岩含水量上升；当 A_{sh} 等于 A_f 时，没有渗透压作用下的水流动；当 A_{sh} 大于 A_f 时，渗透压作用使得页岩中的水流出页岩，引起页岩含水量下降。

在温度为60℃的条件下，质量分数为20%的NaCl溶液和$CaCl_2$溶液的活度分别为0.82和0.94。页岩的膜效率一般为0.1~0.9，Schlemmer R等测试发现页岩膜效率位于0.11~0.31。根据页岩储层的基本参数，计算中页岩储层活度取0.7~1，膜效率为0.5和1，地层温度为25℃、100℃和175℃，滑溜水的活度为1。不同温度下页岩储层渗透压与活度的关系如图6-10所示，表明页岩储层活度越低、温度和膜效率越高，渗透压越大。此外，膜效率对渗透压的影响较大，假定平均膜效率为0.25，质量分数为20%的NaCl溶液产生的渗透压为4.3MPa。可见高盐度的页岩储层具有很强的渗透压，可以将低活度滑溜水吸入页岩储层。

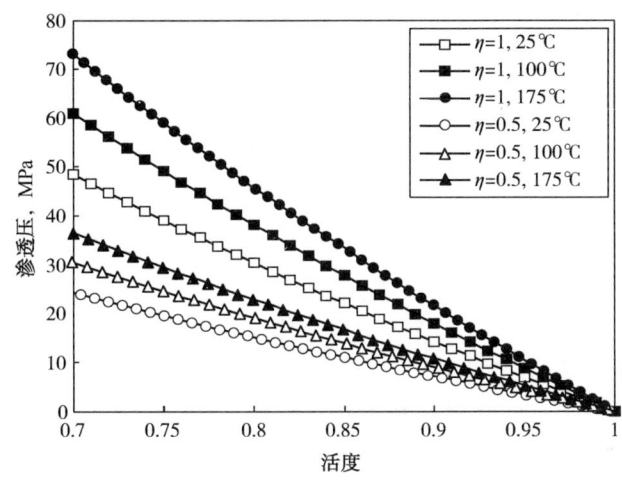

图6-10 渗透压与页岩活度的关系

第二节　渗吸过程中的盐离子扩散机理

一、页岩储层盐离子来源

国内外研究发现，页岩储层具有较高的盐度，能够明显地提高返排液的矿化度，这些盐离子主要与页岩储层的沉积环境和本身的黏土矿物含量有关。

页岩储层具有超低含水饱和度的特点，这与沉积过程中的生烃排水有关。由于超低含水饱和度是在高压且极其干燥的条件下产生的，地层水以蒸汽的形式随着高温干燥的天然气不断被排出，同时，页岩储层中的黏土晶层具有较好的半透膜性质，因此在页岩孔隙壁面以及黏土矿物晶层间附着大量结晶盐或者高盐度水膜。可见，页岩储层盐度与沉积过程中的水体盐度存在较大的关系。

黏土矿物晶层主要由硅氧四面体或铝氧八面体构成，晶层表面和内部的高价态金属阳离子(如 Al^{3+} 等)容易被低价态的阳离子(如 Na^+ 等)部分取代，形成阳离子亏损，黏土矿物表面带负电。为了保持电中性，黏土矿物表面吸附了大量可交换的阳离子。当黏土矿物遇到低矿化度水后，黏土矿物表面吸附的可交换阳离子被分离下来，进入溶液中。剩下的带负电的结构单元存在很强的排斥力，迫使黏土矿物分开，水分子继续进入，不断释放出离子。由于页岩并非理想半透膜，因此部分离子可以穿越页岩晶层进入溶液中，进而提高了溶液的盐离子浓度。

二、页岩储层盐离子向溶液中的扩散

当低盐度的水溶液吸入页岩储层后，宏孔表面的高盐度水膜和结晶盐与水接触，被迅速稀释和溶解。随后，水分子在渗透压作用下进入页岩，页岩并不是理想半透膜，因此离子在浓度差驱动下扩散进入溶液中。离子的扩散过程可以用 Fick 第一定律来描述：

$$J = -D_{AB}\left(\frac{\partial C}{\partial x}\right) \tag{6-14}$$

其中

$$D_{AB} \propto \frac{T}{\mu}$$

式中　J——离子扩散通量，$mol/(m^2 \cdot s)$；

　　　$\partial C/\partial x$——浓度梯度，$mol/(L \cdot m)$；

　　　D_{AB}——扩散系数，m^2/s；

　　　T——热力学温度，K；

　　　μ——溶液黏度，$mPa \cdot s$。

由 Fick 第一定律可知：(1)离子扩散方向与浓度梯度方向相反，由高浓度区向低浓度区扩散；(2)扩散系数越大，离子扩散通量越大，扩散系数与温度呈正相关，与溶液黏度呈负相关；(3)只要存在浓度差，就会引起离子的扩散，且扩散梯度越大，离子扩散通量越大。

浓度梯度与页岩和压裂液之间的浓度有关，随着压裂液吸入页岩，页岩中的离子扩散进入压裂液中，页岩中的高盐度水逐渐被稀释，浓度梯度则逐渐降低，当浓度梯度为 0 时，离子扩散过程结束。Fick 第一定律只适用于稳态扩散，即离子扩散通量 J 和浓度 C 不随时间变化的情况。页岩在压裂液中的离子扩散属于非稳态扩散，可以采用 Fick 第二定律来描述：

$$\frac{\partial C}{\partial t} = D\frac{\partial^2 C}{\partial x^2} \tag{6-15}$$

式中　C——浓度，mol/L；

　　　t——时间，s；

　　　D——扩散系数，cm^2/s；

　　　x——空间位置，cm。

第六章 页岩储层压裂液渗吸与离子扩散相互作用机理

页岩储层压裂过程中，上万立方米的滑溜水压裂液注入页岩储层中以实现缝网改造，滑溜水与页岩接触初期，离子扩散主要发生在局部，对整体影响不大。因此可以进行如下假设：

（1）页岩地层无限大，滑溜水液量无限多，初期局部盐离子扩散对整体盐度变化没有影响；

（2）扩散系数 D 与浓度无关；

（3）页岩储层盐度 C_{shale} 较高，滑溜水 C_{frac} 的盐度忽略不计。

根据以上假设，则初始条件和边界条件如下：

初始条件：$t=0$ 时，$x>0$，$C=0$；$x<0$，$C=C_{shale}$。

边界条件：$t>0$ 时，$x=+\infty$，$C=0$；$x<-\infty$，$C=C_{shale}$。

经推导，式（6-15）的解可以写成：

$$C = \frac{C_{shale}}{2}\left[1 - \text{erf}\left(\frac{x}{2\sqrt{Dt}}\right)\right] \tag{6-16}$$

式中　erf( )——误差补偿函数。

图6-11 显示了页岩基质与压裂液接触面附近盐度随离子扩散过程的变化情况。从图中可以看出，随着远离裂缝面的距离 x 的增加，压裂液的盐度迅速下降；在相同位置 x 处，扩散时间越长，盐度越高。而页岩基质中的盐度则正好相反，随着远离裂缝面的距离 x 的增加，压裂液的盐度迅速上升；在相同位置 x 处，扩散时间越长，盐度越低。此外，提高扩散系数能够明显加快扩散剖面在基质和压裂液中的延伸。

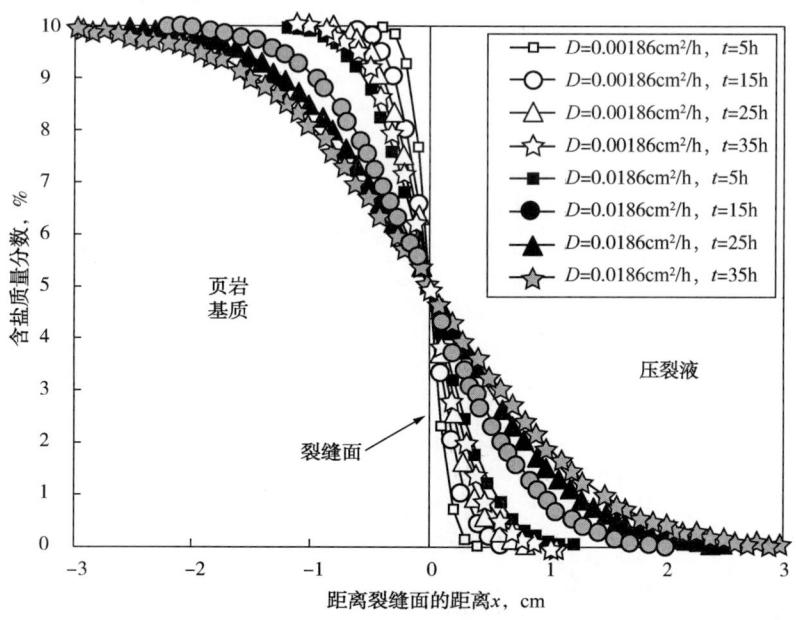

图6-11　页岩基质与压裂液盐度随离子扩散过程的变化情况

第三节　页岩储层渗吸—离子扩散物理模型

如前文所述，自发渗吸的驱动力为毛细管力和化学渗透压，液体在两种驱动力作用下被吸入页岩中，当液体与页岩接触后，页岩孔隙内的盐离子开始溶解或稀释扩散进入液体中(图6-12)。离子扩散过程可以分为两部分——离子剥离和离子迁移。盐离子剥离过程非常迅速，当液体与页岩表面接触时，页岩孔隙表面的结晶盐和黏土矿物表面吸附的盐离子被剥离，进入液体中；离子迁移则与离子浓度差有关，被剥离下来的盐离子由于浓度差作用在液体中迁移。离子迁移过程可以分两部分，一是盐离子在页岩基质内部液体中的迁移，二是盐离子在页岩外部液体中的迁移。压裂液返排现场和实验中主要关注的是页岩外部液体中的盐离子浓度的变化。

从图6-12中可以看出，页岩在压裂液中的离子扩散是伴随着毛细管力与黏土矿物渗透压共同驱动下的渗吸过程进行的。可以看出，渗吸—离子扩散是一个非常复杂的物理化学过程，为了方便求解，模型需要简化处理。考虑到自发渗吸初期主要以毛细管力驱动下的宏孔渗吸为主，而盐离子则主要来源于宏孔表面的结晶盐或高盐度水膜的溶解或稀释，因此基于毛细管力作用下的气水两相渗流理论，建立平直毛细管束模型，分析渗吸—离子扩散的相关关系。

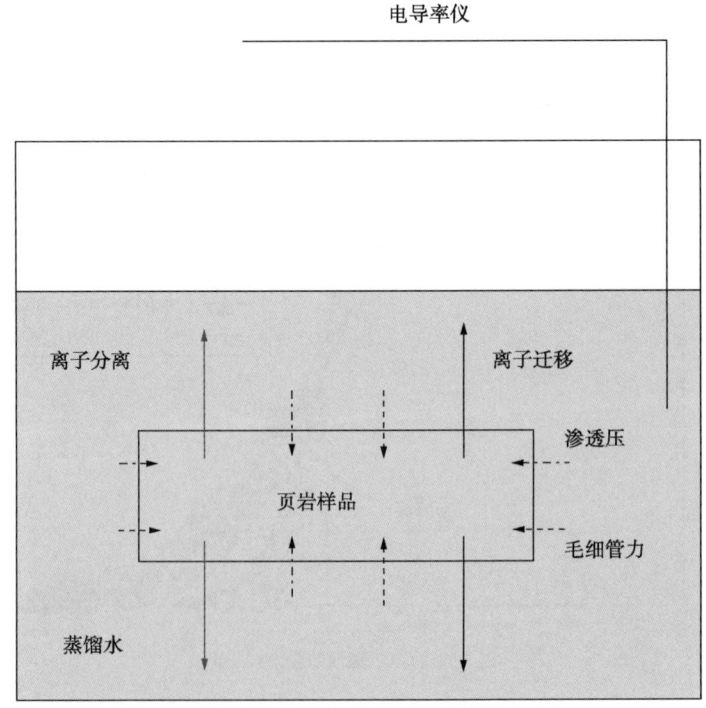

图6-12　渗吸离子交换机理示意图

一、物理模型的建立

为了研究页岩渗吸与离子扩散的过程,建立单面逆向渗吸物理模型(图 6-13)。为了便于求解,进行如下假设:

(1) 渗吸过程为气水两相流动,与毛细管力相比,重力较小可以忽略不计;
(2) 水驱气的过程为理想的活塞式驱替;
(3) 页岩为理想岩石,孔隙结构适用于平直毛细管束模型;
(4) 自发渗吸的驱动力为毛细管力和黏土矿物渗透压;
(5) 盐离子均匀地附着在孔隙壁面上;
(6) 假设盐离子一接触渗吸前缘迅速溶解在水中,同时能够瞬时扩散到页岩外部水溶液中。

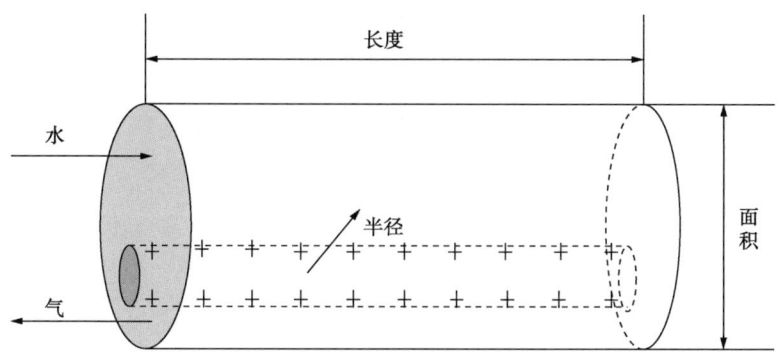

图 6-13　单面逆向渗吸示意图

1. 压裂液自发渗吸模型

根据岩石内达西渗流公式可知,同一截面内流入的水流量和流出的气流量分别为

$$q_w(x) = \frac{KK_{rw}}{\mu_w} A_c \frac{dp_w}{dx}$$

$$q_g(x) = \frac{KK_{rg}}{\mu_g} A_c \frac{dp_g}{dx}$$

(6-17)

式中　$q_w(x)$,$q_g(x)$——分别为流入的水流量和流出的气流量,cm³/s;
　　　K——页岩储层绝对渗透率,mD;
　　　K_{rg},K_{rw}——分别为页岩气和水的相对渗透率;
　　　μ_{rg},μ_{rw}——分别为页岩气和水的黏度,cP;
　　　p_g,p_w——分别为页岩气和水的压力,Pa;
　　　A_c——截面积,cm²。

页岩只有一面与水接触,渗吸过程为逆向渗吸,即吸入水的体积与排出的气体的体积基本相等。

$$q_g(x) = -q_w(x) \tag{6-18}$$

将式(6-17)代入式(6-18)中,可得

$$\frac{KK_{rg}}{\mu_g}A_c\frac{dp_g}{dx} = -\frac{KK_{rw}}{\mu_w}A_c\frac{dp_w}{dx} \tag{6-19}$$

页岩气与注入的水不能混相,存在界面,在界面处满足如下条件:

$$p_g = p_w + p_c \tag{6-20}$$

将式(6-19)代入式(6-20)中,可得到水相压力梯度为

$$\frac{dp_w}{dx} = -\frac{1}{1+\dfrac{K_{rw}\mu_w}{K_{rg}\mu_g}}\frac{dp_c}{dx} \tag{6-21}$$

将式(6-21)代入式(6-17)中,可得

$$q_w(x) = -KA_c\frac{1}{\dfrac{\mu_g}{K_{rg}}+\dfrac{\mu_w}{K_{rw}}}\frac{dp_c}{dx} \tag{6-22}$$

考虑到活塞式驱替,驱动力与位置呈线性关系,式(6-22)简化为

$$q_w(x) = -KA_c\frac{1}{\dfrac{\mu_g}{K_{rg}}+\dfrac{\mu_w}{K_{rw}}}\frac{p_c}{x} \tag{6-23}$$

水吸入页岩引起页岩内水的体积增加,可根据含水饱和度的变化来计算吸入的水的体积。

$$V_{imb} = \int_0^x A_c\phi(S_{wf}-S_{wi})dx \tag{6-24}$$

式中 S_{wf}, S_{wi}——分别为渗吸前缘含水饱和度和初始含水饱和度。

对式(6-22)求导,可得到吸入水的流量 $q_w(x)$,联立式(6-23)求解,可得渗吸前缘位置 x 随时间的变化为

$$x = \sqrt{\frac{2Kp_c t}{\left(\dfrac{\mu_g}{K_{rg}}+\dfrac{\mu_w}{K_{rw}}\right)\phi(S_{wf}-S_{wi})}} \tag{6-25}$$

将式(6-25)代入式(6-24)中,进行积分,可求得自发渗吸作用吸入的水的体积为

$$V_{imb} = A_c\sqrt{\frac{2Kp_c\phi(S_{wf}-S_{wi})t}{\left(\dfrac{\mu_g}{K_{rg}}+\dfrac{\mu_w}{K_{rw}}\right)}} \tag{6-26}$$

由式(6-26)可求得渗吸速率 IR 为

$$IR = \sqrt{\frac{2Kp_c\phi(S_{wf}-S_{wi})}{\left(\dfrac{\mu_g}{K_{rg}}+\dfrac{\mu_w}{K_{rw}}\right)}} = \sqrt{\frac{\sigma\cos\theta\phi(S_{wf}-S_{wi})(2K\phi)^{0.5}}{\left(\dfrac{\mu_g}{K_{rg}}+\dfrac{\mu_w}{K_{rw}}\right)}} \tag{6-27}$$

2. 盐离子扩散模型

渗吸前缘接触孔隙壁面后，附着在壁面的盐离子开始溶解。溶解在水溶液中的盐离子的质量 M 为

$$M = 2\pi rn \cdot xA_c \cdot C \tag{6-28}$$

式中　r——平均孔隙半径，cm；

　　　n——单位面积上的岩石表面包含的毛细管数，$1/\mathrm{cm}^2$；

　　　C——单位壁面上附着的盐离子质量，$\mathrm{mg/cm}^2$。

将式(6-25)代入式(6-28)中，可知溶解在水溶液中的盐离子质量 M 随时间的变化为

$$M = 2\pi rnA_c C \sqrt{\dfrac{2Kp_c t}{\left(\dfrac{\mu_g}{K_{rg}}+\dfrac{\mu_w}{K_{rw}}\right)\phi(S_{wf}-S_{wi})}} \tag{6-29}$$

根据式(6-29)，可求得离子扩散速率 DR 为

$$DR = 2\pi rnC \sqrt{\dfrac{2Kp_c}{\left(\dfrac{\mu_g}{K_{rg}}+\dfrac{\mu_w}{K_{rw}}\right)\phi(S_{wf}-S_{wi})}} = \dfrac{\phi^2 \cdot C}{\sqrt{2K\phi}}\sqrt{\dfrac{2^{0.5}\sigma\cos\theta}{\left(\dfrac{\mu_g}{K_{rg}}+\dfrac{\mu_w}{K_{rw}}\right)(S_{wf}-S_{wi})}}\left(\dfrac{K}{\phi}\right)^{0.5} \tag{6-30}$$

根据式(6-26)和式(6-29)可知，溶液中盐离子质量变化和吸入水的体积与时间的平方根呈很好的线性关系，说明压裂液渗吸和离子扩散具有相同的物理规律。从微观角度来看，压裂液渗吸前缘与孔隙壁面接触后，壁面附着的大量盐离子开始溶解进入水中，并与压裂液呈反向运动。盐离子的溶解前缘与压裂液渗吸前缘是相同的，因此溶液中离子浓度的变化规律能够很好地反映渗吸的过程。

由于采用平直毛细管束模型来描述页岩孔隙结构，因此物性特征参数满足以下关系：

$$\phi = n\pi r^2, \quad p_c = \dfrac{2\sigma\cos\theta}{r}, \quad K = \dfrac{\phi r^2}{8} \tag{6-31}$$

式中　S——页岩的比面积，cm^2/g；

　　　σ——表面张力，$\mathrm{N/m}$；

　　　θ——润湿角，$(°)$。

根据 Murat 和 John 的研究，可以假设气、水流度相等，考虑到水和气的黏度分别为 1cP 和 0.018cP，因此水、气的相对渗透率分别为 0.033 和 0.0006，可知：

$$\sqrt{\left(\dfrac{\mu_g}{K_{rg}}+\dfrac{\mu_w}{K_{rw}}\right)^{-1}} = 0.13\mathrm{cP}^{-0.5} \tag{6-32}$$

二、模型验证

取柴达木盆地干柴沟组页岩样品开展渗吸离子扩散实验，样品直径为 2.59cm，长度为 0.887cm。为了提高实验精度，采用环氧树脂将样品柱面封固，留下两个端面与水接触

(TEO)。将页岩样品置于 200mL 蒸馏水中,采用高精度天平(0.0001g)和电导率仪分别测量样品质量变化和溶液电导率变化,并绘制样品单位面积的吸水体积和电导率与时间的平方根的关系曲线(图 6-14)。在低浓度的溶液中,溶液的电导率与盐离子浓度的换算关系为 1μS/cm=0.5mg/L。

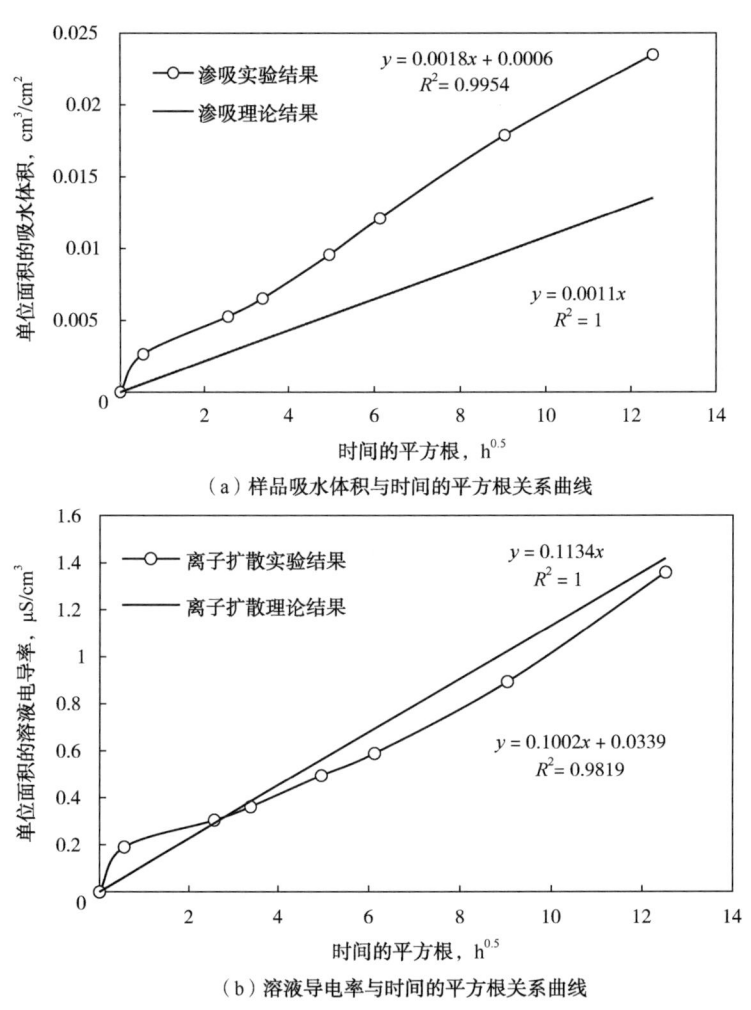

图 6-14 样品吸水体积、溶液电导率与时间的平方根的关系

图 6-14 中,单位面积的吸水体积和溶液电导率与时间的平方根具有较好的线性关系,线性相关系数分别为 0.9954 和 0.9819。说明渗吸方程和离子扩散方程可用于定性分析渗吸—离子扩散规律。为了进一步验证模型的准确性,需要对比渗吸、离子扩散速率的理论预测和实验测量值。图 6-14 中渗吸和离子扩散曲线的斜率为渗吸速率和离子扩散速率,分别为 $0.0018 cm/h^{0.5}$ 和 $0.1002 μS/(cm^3 \cdot h^{0.5})$。根据表 6-1 中参数,计算得到渗吸速率和离子扩散速率分别为 $1.81 \times 10^{-7} m/s^{0.5}$ 和 $1.89 \times 10^{-3} g/(m^2 \cdot s^{0.5})$。为了方便与实验结果对比,换算至同一单位制下,可得渗吸速率和离子扩散速率分别为 $0.00108 cm/h^{0.5}$ 和 $0.1134 μS/(cm^3 \cdot h^{0.5})$,与实验测试结果处于相同数量级,说明理论模型具有一定合理性。图 6-14 显

示了实验测试结果与理论计算结果的对比情况,发现理论计算结果存在较大误差。这是因为理论模型是基于大量的假设建立的,难以反映出页岩复杂的微观结构和矿物组成。此外,离子扩散方程中单位壁面上附着的盐离子质量难以准确测量,往往通过大量的经验来确定,导致理论预测难度较高。在定性分析方面,理论模型的可行性较高,但在定量分析方面仍然具有一定的局限性。

表 6-1 渗吸—离子扩散相关的物理参数

渗透率 K mD	孔隙度 ϕ %	含水饱和度差 ΔS	表面张力 σ N/m	润湿角 θ (°)	单位表面离子附着量 C mg/m²
0.0008	2.0	0.6	0.073	30	0.056

三、影响因素分析

渗吸速率 IR 和离子扩散速率 DR 可用于表征压裂液渗吸和离子扩散的快慢。这里主要考虑渗透率 K、孔隙度 ϕ、含水饱和度差 ΔS、表面张力 σ、润湿角 θ 以及单位壁面上附着的盐离子质量 C 对渗吸速率和离子扩散速率的影响。

(1) 页岩渗透率的影响。

随着渗透率的增加,渗吸速率逐渐增加,离子扩散速率逐渐降低(图 6-15)。初期渗吸速率和离子扩散速率变化较快,后期逐渐变缓。对于高渗透岩石,渗吸前缘推进速度较快,水渗吸速率较高。然而,高渗透岩石比表面积较小,附着的盐离子量较低,因此高推进速度难以提高离子扩散速率。这也是低渗透页岩的返排液盐度明显大于高渗透砂岩储层的原因。

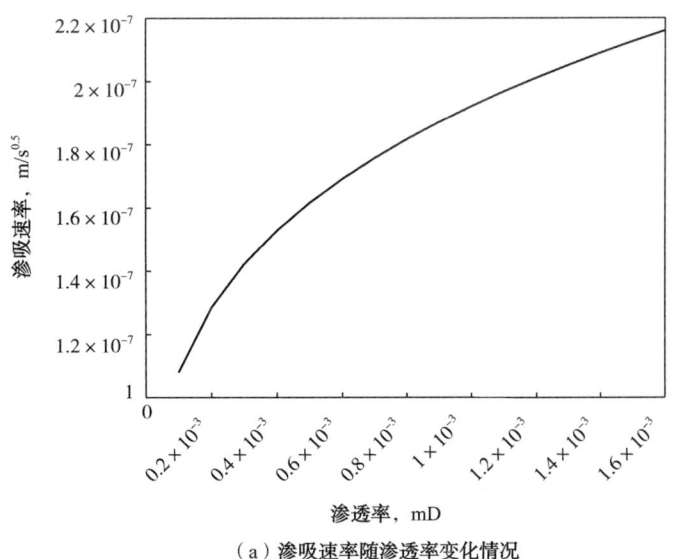

(a) 渗吸速率随渗透率变化情况

图 6-15 渗透率对渗吸速率和离子扩散速率的影响

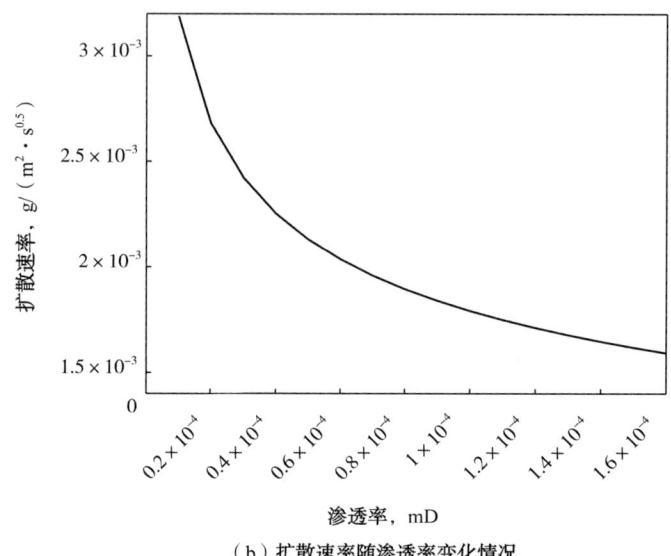

（b）扩散速率随渗透率变化情况

图 6-15　渗透率对渗吸速率和离子扩散速率的影响（续）

（2）页岩孔隙度的影响。

图 6-16 展示了渗吸速率和离子扩散速率随孔隙度的变化情况。从图中可以看出，随着孔隙度的升高，渗吸速率和离子扩散速率都会出现明显上升。孔隙度较小时，渗吸速率增加较快，随着孔隙度的增加，渗吸速率增加速度减缓。然而，孔隙度较小时，扩散速率增加较慢，随着孔隙度的增加，渗吸速率增加速度加快。相对于渗吸速率，离子扩散速率对孔隙度的变化更加敏感。

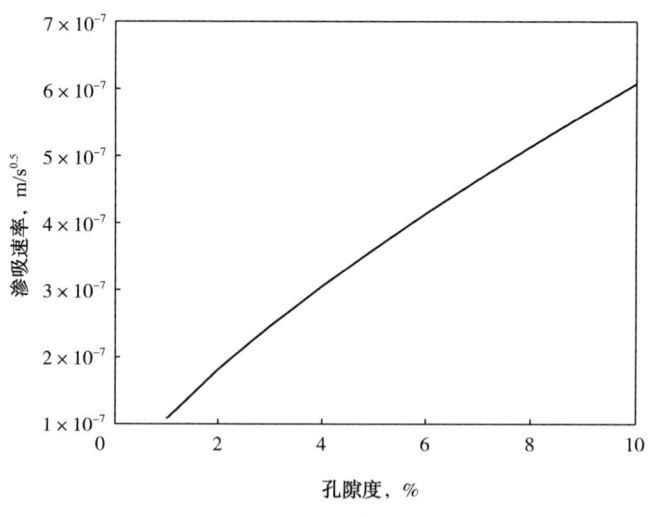

（a）渗吸速率随孔隙度变化情况

图 6-16　孔隙度对渗吸速率和离子扩散速率的影响

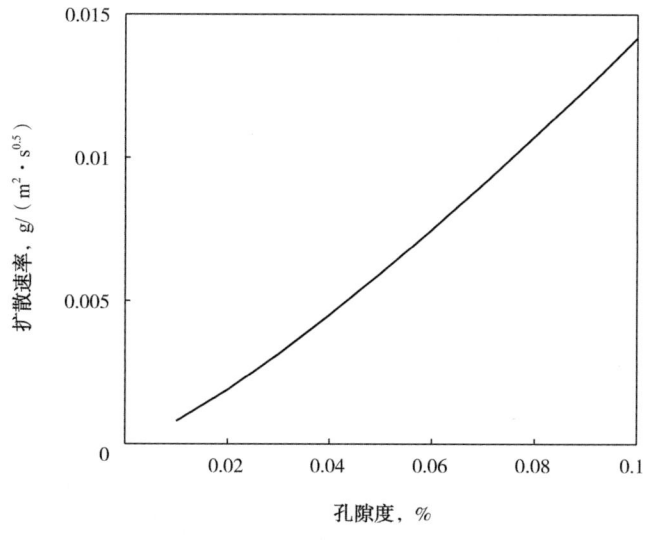

(b)扩散速率随孔隙度变化情况

图 6-16　孔隙度对渗吸速率和离子扩散速率的影响(续)

(3) 含水饱和度差的影响。

图 6-17 显示了含水饱和度差对渗吸速率和离子扩散速率的影响。随着含水饱和度差的增加，渗吸速率逐渐增加，而扩散速率逐渐下降。含水饱和度差较小时，渗吸速率和扩散速率变化较快，随着含水饱和度差增加，渗吸速率和扩散速率变化慢慢减缓。在前缘含水饱和度恒定的情况下，含水饱和度差越大，说明初始含水饱和度越低。初始含水饱和度较低，页岩内部越干燥，高吸水势能提高了渗吸速率；然而，低初始含水饱和度条件下，高盐度水以不连续的薄膜状赋存于复杂的孔隙表面，不利于水膜中的盐分迅速扩散至压裂液中，因此初始含水饱和度越低，盐离子扩散速率越小。

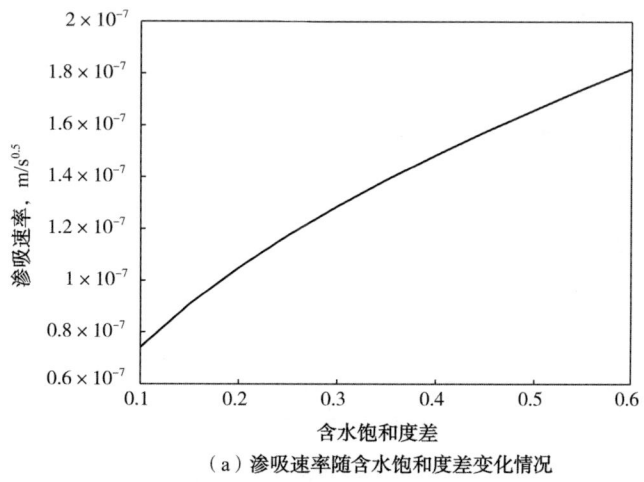

(a)渗吸速率随含水饱和度差变化情况

图 6-17　含水饱和度差对渗吸速率和离子扩散速率的影响

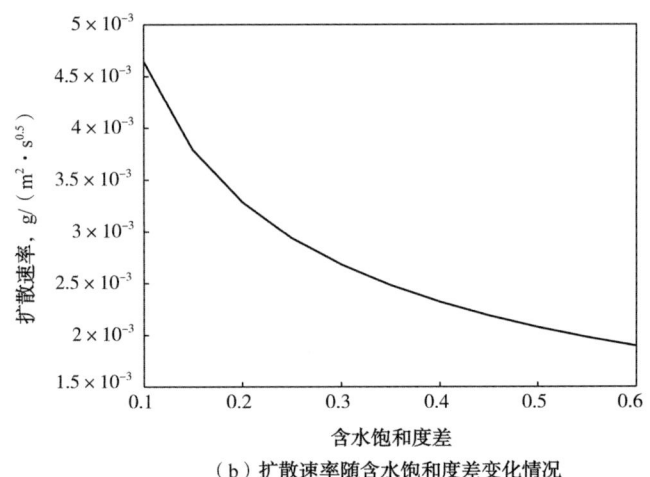

(b) 扩散速率随含水饱和度差变化情况

图 6-17　含水饱和度差对渗吸速率和离子扩散速率的影响(续)

(4) 表面张力的影响。

图 6-18 显示了渗吸速率和离子扩散速率随表面张力的变化情况。随着表面张力增加，渗吸速率和离子扩散速率逐渐增加。表面张力并不会直接影响离子扩散速率。随着表面张力增加，毛细管力上升，从而直接提高了渗吸速率，间接导致离子扩散速率增加。

(5) 润湿角的影响。

图 6-19 显示了润湿角对渗吸速率和离子扩散速率的影响。随着润湿角增加，渗吸速率和离子扩散速率同步降低，初期变化较慢，后期变化较快。说明页岩亲水性越好，越有利于压裂液渗吸和离子扩散。

(6) 单位壁面离子附着量的影响。

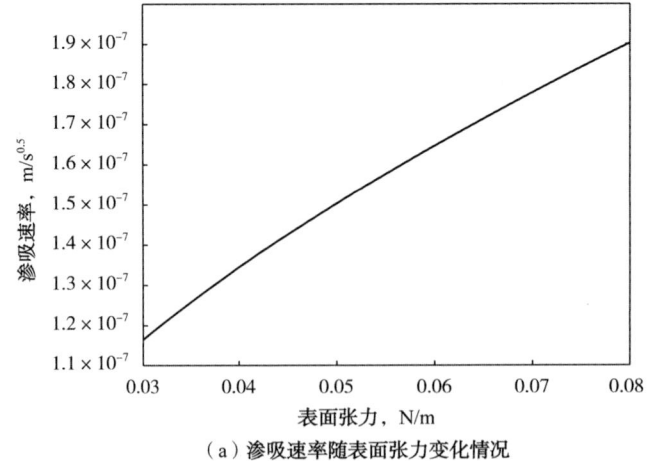

(a) 渗吸速率随表面张力变化情况

图 6-18　表面张力对渗吸速率和离子扩散速率的影响

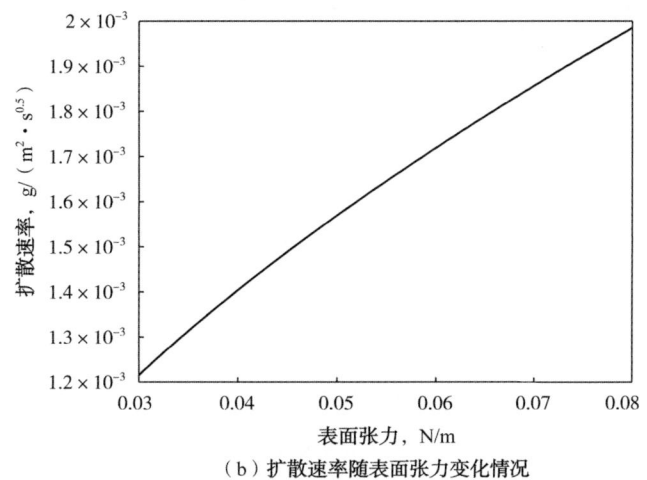

(b)扩散速率随表面张力变化情况

图 6-18　表面张力对渗吸速率和离子扩散速率的影响(续)

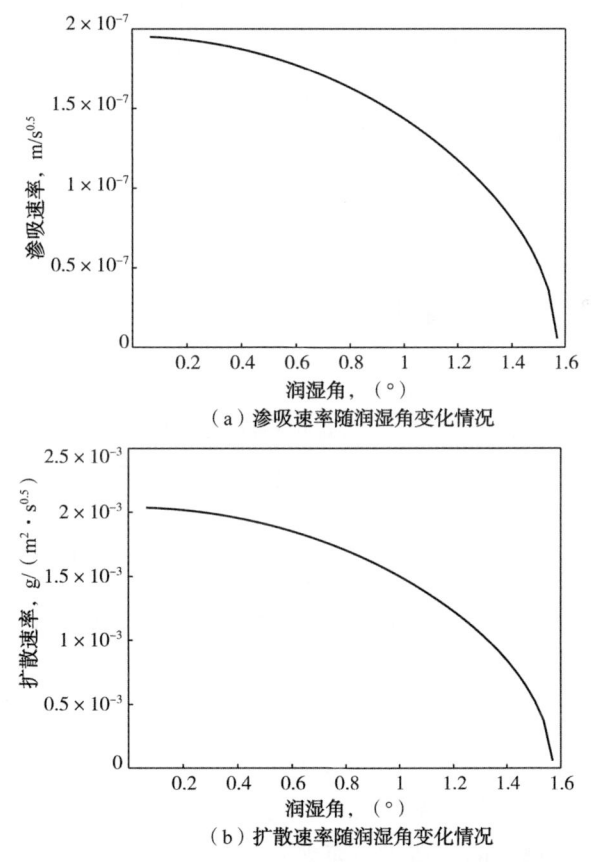

(a)渗吸速率随润湿角变化情况

(b)扩散速率随润湿角变化情况

图 6-19　润湿角对渗吸速率和离子扩散速率的影响

图 6-20 为扩散速率随单位壁面离子附着量的变化曲线。从图中可以看出,随着单位壁面离子附着量的增加,离子扩散速率呈线性增加。相比陆相页岩而言,海相沉积的页岩孔

隙壁面盐离子附着量较高，很可能具有更高的离子扩散速率。

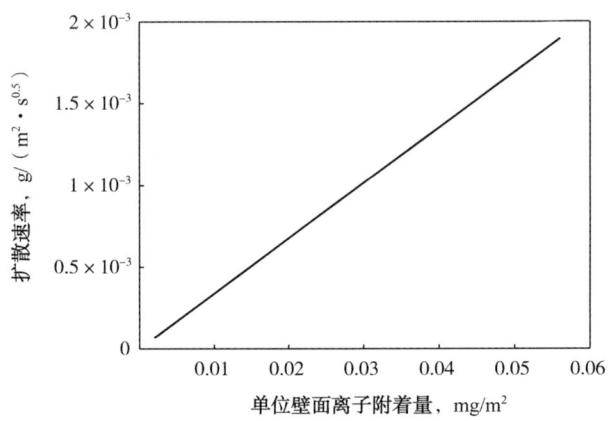

图 6-20　单位壁面离子附着量对离子扩散速率的影响

根据式(6-27)可知，单位壁面离子附着量对渗吸速率没有影响。事实上，壁面盐离子溶解会改变页岩内润湿性和孔隙结构，进而影响渗吸速率。这与压裂液渗吸和离子扩散模型的局限性有关。目前的理论模型是在大量的假设基础上发展起来的，难以反映页岩复杂的储层特征，如微纳米孔隙、微裂缝和黏土矿物等。下一步研究中，有必要采用孔隙网络模型来更加准确地描述压裂液渗吸和离子扩散过程。

第四节　小　　结

本章研究了毛细管力和化学渗透压驱动下的渗吸机理，阐明了压裂液渗吸特征及其与孔隙连通性和孔径分布的关系，建立了页岩储层渗吸—离子扩散模型，并进行了敏感性参数分析。主要结论如下：

（1）原始地层条件下的页岩储层不仅具有高毛细管力，还具有较强的毛细管势能，渗吸作用会大大超过常规砂岩储层。然而，页岩储层的毛细管渗吸往往在初期起主要作用，随着含水饱和度的上升，毛细管力和毛细管势能都会迅速下降，毛细管渗吸作用也会明显减弱。

（2）高盐度的页岩储层具有很强的渗透压，可以将低活度滑溜水吸入页岩储层深部，且页岩储层活度越低、温度和膜效率越高，渗透压则越大；膜效率对渗透压的影响较大。

（3）高矿化度的页岩储层的盐离子主要来源于页岩储层的沉积环境和本身的黏土矿物。

（4）渗吸和离子扩散是同步的过程，而渗吸前缘接触带有盐离子的孔隙壁面后引起盐离子溶解进入水中，因此渗吸诱发了离子扩散的过程。由于渗吸前缘与离子溶解前缘是同时推进的，溶液中电导率的变化则能够较好地反映渗吸规律。

(5)页岩孔隙度和接触面积越大,渗吸速率和离子扩散速率越大;页岩水接触角越大,渗吸速率和离子扩散速率越小;页岩渗透率越大,离子扩散速率越小,而渗吸速率越大;页岩初始含水饱和度越大,离子扩散速率越大,而渗吸速率越小;单位表面离子附着量越大,离子扩散速率越大。相较而言,孔隙度、接触面积和表面离子附着量是离子扩散的主控因素。

(6)页岩和致密储层自发渗吸总体特征可以分为渗吸段、过渡段和扩散段,渗吸段的吸水量占80%以上,而扩散段的吸水量较少,但是扩散段对渗吸水向基质深部扩散、消除水锁伤害具有重要意义,这与常规砂岩储层存在较大不同。

参 考 文 献

[1] Shaoul J R, de Koning J, Chapuis C, et al. Successful Modelling of Post-Fracture Cleanup in a Layered Tight Gas Reservoir[C]//8th European Formation Damage Conference. Society of Petroleum Engineers, 2009.

[2] Kurtoglu B. Integrated reservoir characterization and modeling in support of enhanced oil recovery for Bakken[M]. Golden:Colorado School of Mines, 2013.

[3] Marine I W, Fritz S J. Osmotic model to explain anomalous hydraulic heads[J]. Water Resources Research, 1981, 17(1):73-82.

[4] Schlemmer R, Friedheim J E, Growcock F B, et al. Chemical osmosis, shale, and drilling fluids[J]. SPE drilling & completion, 2003, 18(4):318-331.

第七章　页岩气井返排率预测实例

前文开展了室内压裂液渗吸和离子扩散实验，并阐明了渗吸—离子扩散的微观机理。压裂液在毛细管力和黏土矿物渗透压共同驱动下渗吸进入页岩基质，会发生强相互作用[1]。本章在研究压裂液—流体相互作用的基础上，分析页岩储层压裂液吸收对工程的影响。首先，基于页岩储层对压裂液的强吸收作用，建立初步评价页岩储层返排率的方法；然后，研究压裂液吸收对表面强度弱化的影响，分析其对支撑剂嵌入和导流能力伤害的影响；最后，基于渗吸引起的富有机质页岩拉伸裂缝扩展的机理，分析压裂液吸收对储层渗透率的影响，阐明地层条件下拉伸裂缝的分布特征，并将渗吸作用引入地应力模型，修正传统的地应力预测方法。该研究成果对体积压裂优化设计及压后返排分析具有重要的指导意义。

第一节　基于简单裂缝模型的返排率预测实例

国内外的压裂施工表明，页岩气井返排率普遍较低（低于30%），有些甚至低于5%。复杂网络裂缝对压裂液的滞留和基质对压裂液的吸收是导致页岩气井返排率较低的关键。本节主要研究基质对压裂液的吸收引起的返排率变化。

压裂液吸收主要发生在裂缝壁面附近，压裂液由裂缝吸入基质内部，进而引起返排率降低。在进行返排预测之前，首先确定页岩储层人工裂缝缝网形态。页岩储层体积压裂后形成大规模的复杂网络裂缝，往往需要依靠微地震监测等手段来评价空间形态。为了计算方便，将每一级裂缝简化为矩形简单缝（图7-1）。

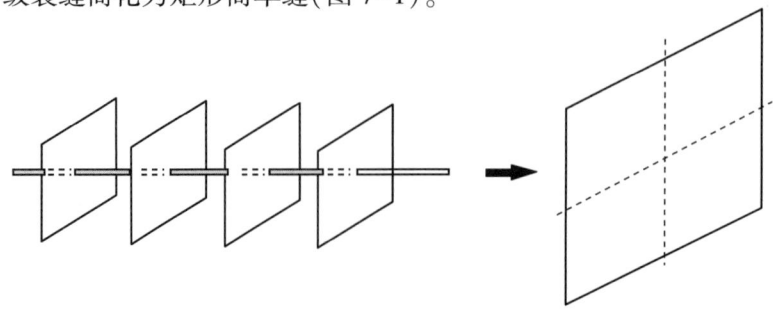

图7-1　页岩储层压裂形态示意图

人工裂缝与基质的接触面积是影响压裂液吸收的关键因素，根据质量守恒方程，人工裂缝体积为压裂过程中注入的压裂液体积减去滤失体积，由于人工裂缝形态为矩形，则接触面积为

$$A_f = 2\frac{V_i - V_{leak}}{w} \quad (7-1)$$

式中　A_f——接触面积，m^2；

V_i——注入的压裂液体积，m^3；

V_{leak}——滤失的压裂液体积，m^3；

w——人工裂缝缝宽，cm。

压裂液的滤失是在压裂过程中高压泵注引起压裂液进入基质或者微裂缝后产生的。一般来说，页岩储层的滤失比例为10%~40%，这里取10%、20%和30%进行对比分析。

根据实验室内测定的渗吸速率 A 和裂缝—基质接触面积，可以计算关井期间压裂液吸入量 V 随着关井时间的变化：

$$V = A \cdot A_f \sqrt{t} \quad (7-2)$$

表7-1中列出了页岩储层压裂工艺参数，注入压裂液 $50000m^3$，压裂级数为24级，支撑剂选用20~40目的石英砂，铺设层数分别取1层、2层和3层对比分析。以鲁家坪组页岩为研究储层，可知渗吸速率约为 $0.0016cm/h^{0.5}$，计算不同铺设层数、滤失比例下压裂液吸入量随时间的变化。

表7-1　页岩储层压裂工艺参数

注入压裂液，m^3	压裂级数	缝宽	裂缝面积，m^2		
			滤失比例10%	滤失比例20%	滤失比例30%
50000	24	1层支撑剂	54216867	48192771	42168675
50000	24	2层支撑剂	36144578	32128514	28112450
50000	24	3层支撑剂	21686747	19277108	16867470

图7-2为压裂液吸入体积随关井时间的变化曲线。从图中可以看出，初期压裂液吸入较快，随着关井时间的延长，吸入速率慢慢变小。从理论上来看，如果关井时间足够长，压裂液可以大量吸入页岩储层，这很好地解释了页岩储层返排率普遍较低的现象。

此外，压裂液滤失比例越低，用来造缝的压裂液体积越大，人工裂缝规模越大，形成的裂缝—基质接触面积越大，则返排率趋向于越低。然而，由于页岩储层滤失比例较低，因此滤失比例对返排率的影响不大。

为了便于分析支撑剂铺设层数对压裂液返排率的影响，假定压裂过程中的滤失比例为0，即注入的压裂液全部用来形成人工裂缝。图7-3显示了滤失比例为0时，压裂液吸入体积随裂缝宽度的变化情况。从图中可以看出，压裂液吸入率随着裂缝宽度的增加迅速下降，当裂缝宽度为0.05m时，压裂液吸入量降低了接近60%。此外，在裂缝宽度一定的条

件下，关井时间对压裂液吸入量影响较大，尤其是初期的 20 天吸入速率明显高于后期，且初期的 20 天吸入比例约为 70%，即返排率约为 30%，这为优化关井时间提供了理论支撑。

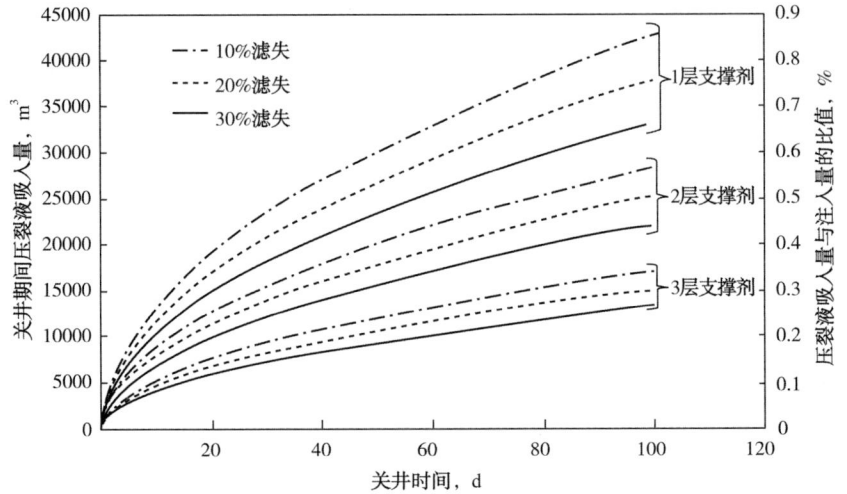

图 7-2　压裂液吸入体积随关井时间的变化曲线

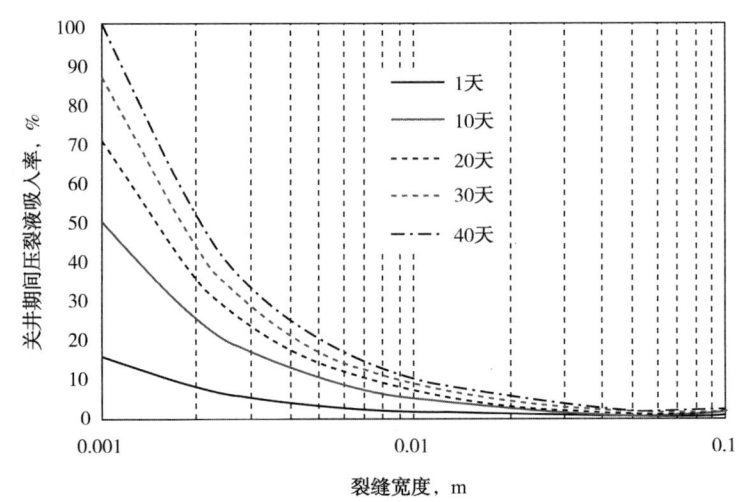

图 7-3　压裂液吸入体积随裂缝宽度的变化曲线

第二节　基于裂缝网络模型的返排率预测实例

一、三维渗吸模型建立及计算

水在毛细管力作用下自发渗吸进入含油的多孔岩石中，排出油滴，可以提高储层的原油采收率。为了建立多孔岩石的渗吸排油模型，进行如下假设：

（1）渗吸过程为逆向渗吸，即水的流动方向与油的流动方向相反。

（2）毛细管力渗吸为油水两相流动，重力相比毛细管力较小，可以忽略不计。

（3）毛细管力渗吸可视为活塞式驱替，油、水两相的相对渗透率和毛细管力不随含水饱和度变化。

（4）岩石渗透率为各向同性，不考虑层理作用。

图 7-4 为三维渗吸模型示意图。

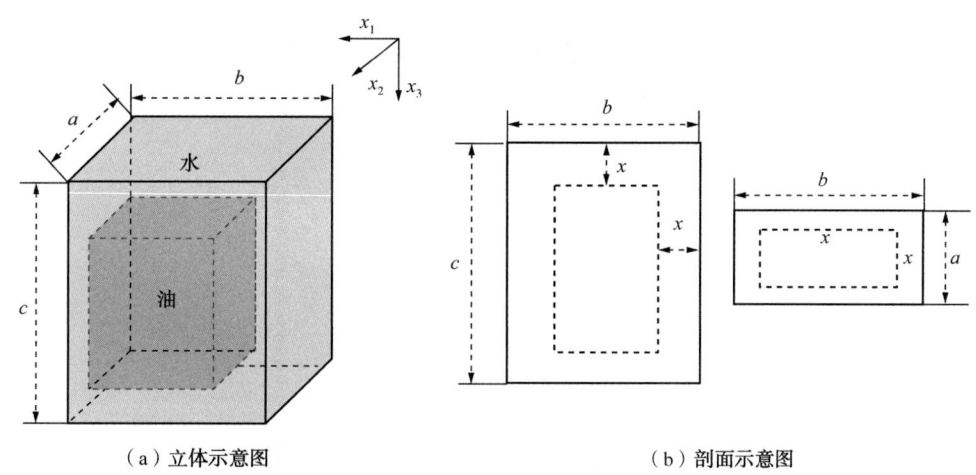

（a）立体示意图　　　　　　　　　（b）剖面示意图

图 7-4　三维渗吸模型示意图

根据达西公式可知，垂直于 x_1 方向上的两个面的油相和水相流量为

$$q_o(x_1) = 2\frac{KK_{ro}}{\mu_o}A_{x_1}\frac{dp_o}{dx_1} \tag{7-3}$$

$$q_w(x_1) = 2\frac{KK_{rw}}{\mu_w}A_{x_1}\frac{dp_w}{dx_1} \tag{7-4}$$

$$A_{x_1} = (a-2x)(c-2x) \tag{7-5}$$

式中　$q_o(x)$，$q_w(x)$——分别为油和水的流量，cm^3/s；

　　　K——岩石绝对渗透率，mD；

　　　K_{ro}，K_{rw}——分别为油和水的相对渗透率，mD；

　　　μ_o，μ_w——分别为油和水的黏度，cP；

　　　p_o，p_w——分别为油和水的压力，Pa；

　　　A_{x_1}——渗吸前缘截面积，cm^2。

垂直于 x_1、x_2 和 x_3 方向上的油相和水相流量之和为

$$\begin{aligned}q_o &= q_o(x_1)+q_o(x_2)+q_o(x_3)\\ &= 2\frac{KK_{ro}}{\mu_o}\left(A_{x_1}\frac{dp_o}{dx_1}+A_{x_2}\frac{dp_o}{dx_2}+A_{x_3}\frac{dp_o}{dx_3}\right)\end{aligned} \tag{7-6}$$

和

$$q_w = q_w(x_1) + q_w(x_2) + q_w(x_3)$$
$$= 2\frac{KK_{rw}}{\mu_w}\left(A_{x_1}\frac{dp_w}{dx_1}+A_{x_2}\frac{dp_w}{dx_2}+A_{x_3}\frac{dp_w}{dx_3}\right) \tag{7-7}$$

渗吸前缘与岩块之间的油相和水相压力梯度为

$$\frac{dp_o}{dx}=\frac{dp_o}{dx_1}=\frac{dp_o}{dx_2}=\frac{dp_o}{dx_3} \tag{7-8}$$

$$\frac{dp_w}{dx}=\frac{dp_w}{dx_1}=\frac{dp_w}{dx_2}=\frac{dp_w}{dx_3} \tag{7-9}$$

渗吸前缘的表面积之和为

$$A_x = 2(A_{x_1}+A_{x_2}+A_{x_3}) \tag{7-10}$$

将式(7-8)、式(7-9)和式(7-10)代入式(7-6)和式(7-7)中，可得

$$q_o = \frac{KK_{ro}}{\mu_o}A_x\frac{dp_o}{dx} \tag{7-11}$$

$$q_w = \frac{KK_{rw}}{\mu_w}A_x\frac{dp_w}{dx} \tag{7-12}$$

对逆向渗吸而言，吸入水的体积等于排出油的体积：

$$q_w = -q_o \tag{7-13}$$

结合式(7-12)和式(7-13)，可得

$$\frac{K_{ro}}{\mu_o}\frac{dp_o}{dx} = -\frac{K_{rw}}{\mu_w}\frac{dp_w}{dx} \tag{7-14}$$

油—水界面处，油相和水相压力关系为

$$p_o = p_w + p_c \tag{7-15}$$

将式(7-15)代入式(7-14)中，得到水相压力梯度为

$$\frac{dp_w}{dx} = \frac{-1}{1+\dfrac{K_{rw}}{K_{ro}}\dfrac{\mu_w}{\mu_o}}\frac{dp_c}{dx} \tag{7-16}$$

将式(7-16)代入式(7-12)得

$$q_w = KA_x\frac{-1}{\dfrac{\mu_o}{K_{ro}}+\dfrac{\mu_w}{K_{rw}}}\frac{dp_c}{dx} \tag{7-17}$$

假设渗吸前缘后，毛细管力随距离线性变化，则水相流量为

$$q_w = KA_x\frac{1}{\dfrac{\mu_o}{K_{ro}}+\dfrac{\mu_w}{K_{rw}}}\frac{p_c}{x} \tag{7-18}$$

式中 p_c——渗吸前缘处的毛细管力。

水相流量还可以通过质量守恒方程来表征。渗吸引起的岩块中水相累计体积为

$$V_{\text{imb}} = \int_0^x A_x \phi (S_{\text{wf}} - S_{\text{wi}}) \mathrm{d}x \tag{7-19}$$

式中 S_{wf}，S_{wi}——分别为前缘含水饱和度和初始含水饱和度，小数。

对式(7-19)进行求导，可得水的流量为

$$q_w = \frac{\mathrm{d}V_{\text{imb}}}{\mathrm{d}t} = \frac{\mathrm{d}V_{\text{imb}}}{\mathrm{d}x} \frac{\mathrm{d}x}{\mathrm{d}t} = \phi(S_{\text{wf}} - S_{\text{wi}})A_x \frac{\mathrm{d}x}{\mathrm{d}t} \tag{7-20}$$

令式(7-20)与式(7-19)相等，得

$$\frac{K}{x\phi(S_{\text{wf}} - S_{\text{wi}})} \frac{p_c}{\left(\dfrac{\mu_o}{K_{\text{ro}}} + \dfrac{\mu_w}{K_{\text{rw}}}\right)} = \frac{\mathrm{d}x}{\mathrm{d}t} \tag{7-21}$$

对式(7-21)进行积分，可以得到渗吸前缘的位置 x 随时间 t 的变化为

$$x = \sqrt{\frac{2K p_c t}{\left(\dfrac{\mu_o}{K_{\text{ro}}} + \dfrac{\mu_w}{K_{\text{rw}}}\right)\phi(S_{\text{wf}} - S_{\text{wi}})}} \tag{7-22}$$

无量纲渗吸长度为

$$L_D = \frac{x}{x_\infty} = \frac{2x}{a} \tag{7-23}$$

将式(7-23)代入式(7-22)中，可得

$$L_D = \sqrt{\frac{8K p_c t}{\left(\dfrac{\mu_o}{K_{\text{ro}}} + \dfrac{\mu_w}{K_{\text{rw}}}\right)\phi(S_{\text{wf}} - S_{\text{wi}})a^2}} \tag{7-24}$$

其中，毛细管力 p_c 和孔隙半径 r 分别为

$$p_c = \frac{2\sigma \cos\theta}{r}$$

$$r = \sqrt{\frac{8K}{\phi}}$$

将式(7-24)进行变换，可得

$$L_D^2 = t\sqrt{\frac{K}{\phi}} \cdot \frac{\sigma \cos\theta}{\left(\dfrac{\mu_o}{K_{\text{ro}}} + \dfrac{\mu_w}{K_{\text{rw}}}\right)a^2} \cdot \frac{4\sqrt{2}}{(S_{\text{wf}} - S_{\text{wi}})} \tag{7-25}$$

式(7-25)与 M-K 渗吸相似准则非常接近，可知式(7-24)表示为

$$L_D = (4\sqrt{2} t_D)^{0.5} \tag{7-26}$$

其中

$$t_D = t\sqrt{\frac{K}{\phi}}\frac{\sigma\cos\theta}{\left(\dfrac{\mu_o}{K_{ro}}+\dfrac{\mu_w}{K_{rw}}\right)(S_{wf}-S_{wi})L_c^2} \qquad (7-27)$$

式中 L_c——渗吸特征长度。

根据 Mattax 和 Kyte 的研究成果可知，改进后的相似准则能够将实验室内样品测试的渗吸结果直接推广到整个实际油藏的开发。其中，渗吸特征长度 L_c 与岩石实验样品的形状有关。对长方体或立方体而言，$L_c = a/2$；对圆柱体而言，$L_c = R/2$；对单面浸水（one and open，简称 OEO）样品而言，$L_c = L$。此外，由 $0<L_D<1$ 可知，无量纲渗吸时间为 $0<t_D<\sqrt{2}/8$。

毛细管渗吸终止时，累计吸入水相的体积为

$$V_\infty = abc\phi(S_{wf}-S_{wi}) \qquad (7-28)$$

长方体岩石的渗吸采收率为

$$\frac{V_{imb}}{V_\infty} = L_D\left[\frac{ab+bc+ac}{bc} - \frac{a(a+b+c)}{bc}L_D + \frac{a^2}{bc}L_D^2\right] \qquad (7-29)$$

对立方体样品而言，棱长相等，即 $a=b=c$，式（7-29）经转换得

$$\frac{V_{imb}}{V_\infty} = L_D(3-3L_D+L_D^2) \qquad (7-30)$$

对圆柱体岩块三维流动而言[图7-5(a)]，渗吸采收率为

$$\frac{V_{imb}}{V_\infty} = L_D\left[2\left(1+\frac{R}{h}\right) - \left(1+4\frac{R}{h}\right)L_D + \frac{2R}{h}L_D^2\right] \qquad (7-31)$$

对 OEO 实验样品而言[图7-5(b)]，渗吸采收率为

$$\frac{V_{imb}}{V_\infty} = L_D \qquad (7-32)$$

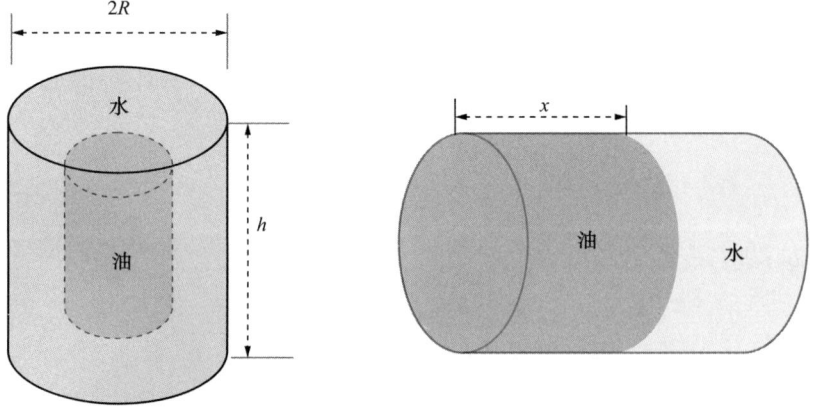

(a) 竖向示意图　　　　　　　(b) 横向示意图

图 7-5　三维多孔岩石逆向渗吸示意图

对立方体样品而言，吸入体积为

$$V_{\text{imb}} = \frac{2x}{a}\left[3 - 3\frac{2x}{a} + \left(\frac{2x}{a}\right)^2\right]a^3\phi(S_{\text{wf}} - S_{\text{wi}}) \tag{7-33}$$

单位表面的吸入体积为

$$\frac{V_{\text{imb}}}{A_c} = x\phi(S_{\text{wf}} - S_{\text{wi}})\left(1 - \frac{2x}{a} + \frac{4x^2}{3a^2}\right) \tag{7-34}$$

渗吸初期，渗吸长度 x 相比特征长度 $a/2$ 很小，可忽略不计，则

$$\frac{V_{\text{imb}}}{A_c} = x\phi(S_{\text{wf}} - S_{\text{wi}}) = A\sqrt{t} \tag{7-35}$$

对样品三维渗吸而言，在渗吸实验初期，可绘制 V_{imb}/A_c 与 $\sqrt{t}$ 的关系曲线，曲线斜率基本等于渗吸速率 A。

（1）无量纲渗吸时间。

结合式(7-27)，可以看出无量纲时间 t_D 与渗透率、表面张力和 $\cos\theta$ 成正比，与油流度倒数与水流度倒数之和、孔隙度、含水饱和度变化成反比。为了分析渗吸时间和特征长度的影响，取表7-2中基本参数进行计算。

表7-2 渗吸基本特征参数

渗透率 mD	孔隙度 %	初始含水饱和度	表面张力 N/m	润湿角 (°)	前缘含水饱和度	水黏度 Pa·s	油黏度 Pa·s	水相对渗透率	油相对渗透率
0.001	8.0	0.4	0.072	30	0.9	0.001	0.002	0.6	0.25

图7-6为无量纲渗吸时间 t_D 与渗吸时间 t 的关系图。随着渗吸时间增加，无量纲渗吸时间逐渐增加。无量纲渗吸时间可将实验结果推广到实际储层中，只要保证$(t_D)_{\text{实验室}}$与$(t_D)_{\text{实际储层}}$相等，则说明实验室内的样品与实际储层具有相同的渗吸状态。对于相同的无量纲时间，特征长度越大，所需要的渗吸时间越长。一般实验室内的样品特征长度处于 10^{-2}m 量级，实际储层的岩块特征长度处于 1m 量级，可知要达到相同的渗吸状态，实际储层所需要的渗吸时间比室内样品高 10^4 倍。可见室内实验结果可以模拟长周期的实际储层开发动态。

（2）无量纲渗吸长度。

图7-7为无量纲渗吸长度 L_D 与无量纲渗吸时间 t_D、无量纲渗吸时间的平方根 $\sqrt{t_D}$ 的关系图。从图中可以看出，随着无量纲渗吸时间的增加，无量纲渗吸长度逐渐增加。无量纲渗吸时间的变化范围为 0~0.177［图7-7(a)］。无量纲渗吸长度与无量纲渗吸时间的平方根呈很好的线性关系［图7-7(b)］。

（3）无量纲渗吸体积。

图7-8为无量纲渗吸体积 V_{imb}/V_∞ 与无量纲渗吸长度 L_D 的关系图。从图中可以看出，随

着无量纲渗吸长度增加，无量纲渗吸体积逐渐增加。对于相同的无量纲渗吸距离，所有面渗吸的样品比单面渗吸的样品渗吸体积大。对圆柱体全浸水（all face open，简称AFO）渗吸而言，半径与高度比例越大，无量纲渗吸体积越大。需要指出的是，在相同的无量纲渗吸长度下，所有面渗吸（AFO）的无量纲渗吸体积接近相等。可见，特征长度L_c已经将样品形状很好地考虑在内了。

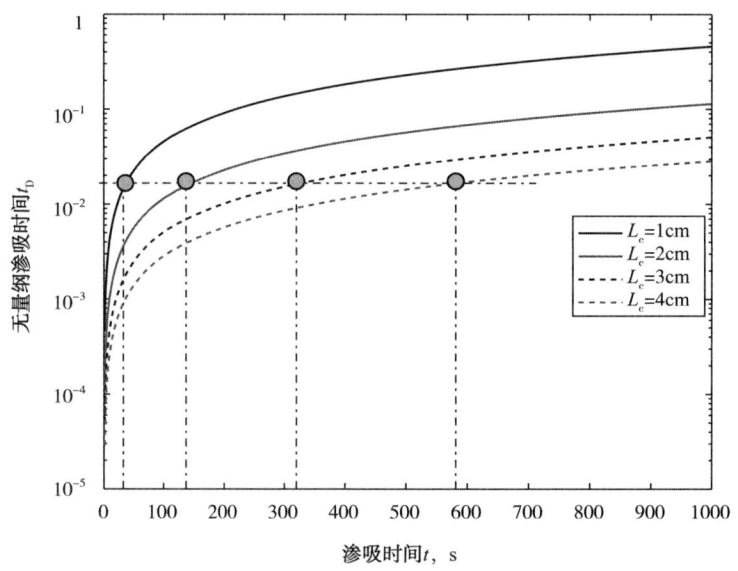

图 7-6　无量纲渗吸时间 t_D 与渗吸时间 t 的关系图

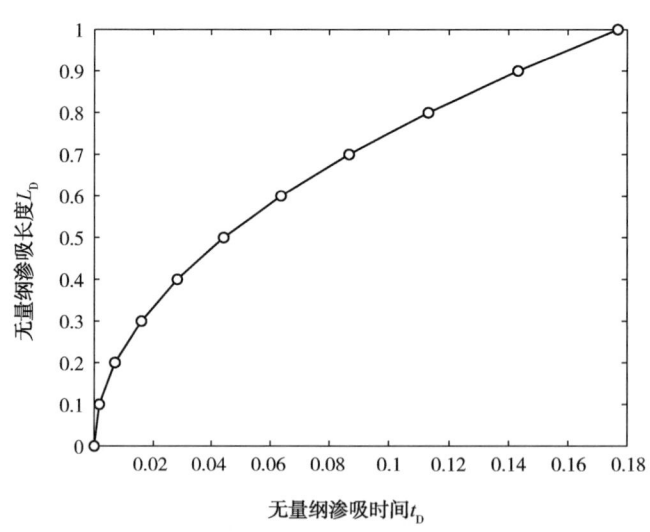

（a）无量纲渗吸长度随无量纲渗吸时间的变化情况

图 7-7　无量纲渗吸长度 L_D 与无量纲渗吸时间 t_D、无量纲渗吸时间的平方根 $\sqrt{t_D}$ 的关系图

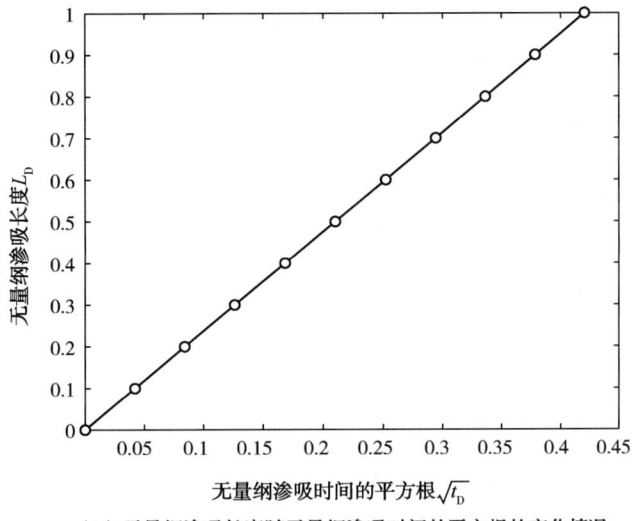

(b）无量纲渗吸长度随无量纲渗吸时间的平方根的变化情况

图 7-7　无量纲渗吸长度 L_D 与无量纲渗吸时间 t_D、无量纲渗吸时间的平方根 $\sqrt{t_D}$ 的关系图（续）

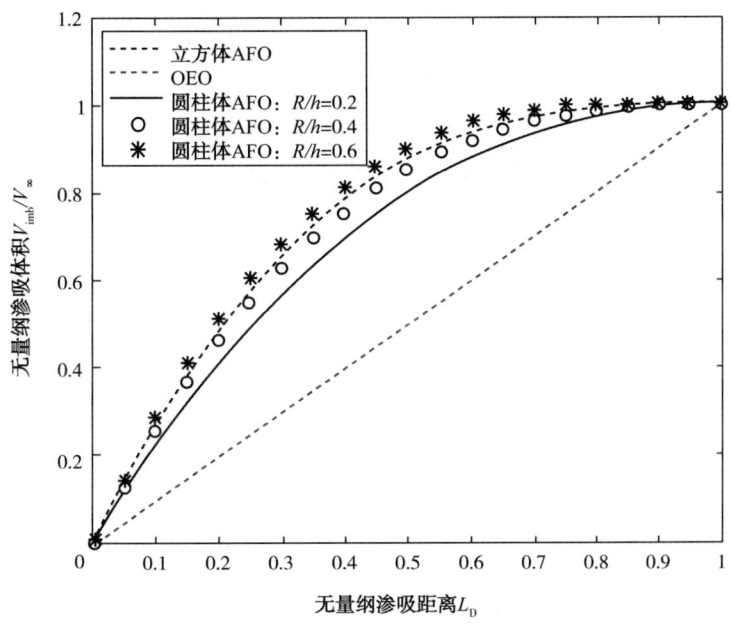

图 7-8　无量纲渗吸体积 V_{imb}/V_∞ 与无量纲渗吸长度 L_D 的关系图

二、基于缝网模型的返排率计算实例

国内外压裂施工表明，致密储层油气井压裂后返排率普遍低于 30%，有些甚至低于 5%。压裂液渗吸进入致密储层是导致返排率较低的主要原因。由于致密油气层压裂后形成复杂裂缝网络，传统的单缝模型难以适用于致密油气层。类比双孔双介质模型和软件 Meyer

缝网模型，将每一级压裂控制的储层简化为裂缝相互贯穿的立方体（图7-9），岩块之间的裂缝铺设 n 层支撑剂（图7-10）。

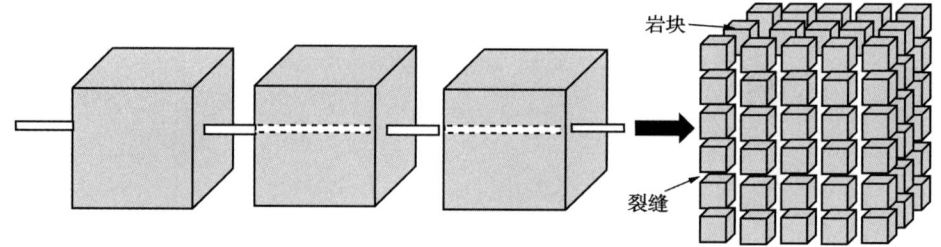

图7-9 水平井多级压裂示意图

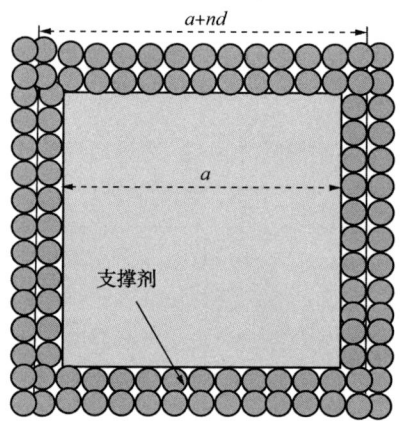

图7-10 支撑剂铺设示意图

根据质量守恒原理，向地层中注入的压裂液体积 V_{inj} 与人工裂缝的体积相等（由于致密油气层渗透率低，滤失作用可忽略不计），则压裂形成的岩块个数 m 为

$$m=\frac{V_{inj}}{(a+nd)^3-a^3} \tag{7-36}$$

渗吸进入岩块的压裂液体积与注入的压裂液体积之比为

$$\frac{V_{imb}}{V_{inj}}=\frac{a^3-(a-2x)^3}{(a+nd)^3-a^3}=\frac{1-(1-L_D)^3}{(1+nd/a)^3-1} \tag{7-37}$$

致密油气井可返出的压裂液比例（返排率）为

$$1-\frac{V_{imb}}{V_{inj}}=f\left(L_D,\frac{nd}{a}\right)=f\left(t_D,\frac{nd}{a}\right) \tag{7-38}$$

可知，返排率的高低取决于两个无量纲数：t_D 和 nd/a。其中无量纲渗吸时间 t_D 反映了致密储层的渗吸特征；nd/a 为缝网宽度与岩块长度之比，反映了压裂缝网的形态特征。

假设注入的压裂液为10000m³，压裂级数为12级，支撑剂选用20~40目石英砂，支撑剂铺设层数分别取2层、3层和4层，进行计算。由于支撑剂并非均匀铺设，部分支撑剂会嵌入裂缝壁面，因此裂缝宽度并不完全等于支撑剂铺设高度。可将 nd 进行连续变化，模拟裂缝宽度。铺设3层20目的石英砂，裂缝宽度为3.4mm（4×0.85mm）。裂缝宽度可视为在0～3.4mm范围内连续变化，岩体特征长度取1m。

图7-11显示了无量纲渗吸时间对压裂液吸入比例的影响。在一定的无量纲裂缝宽度下，随着无量纲渗吸时间的增加，压裂液吸入比例逐渐增加，最终压裂液会全部吸入地层。无量纲渗吸时间较小时，吸入比例的增速较快，随着无量纲渗吸时间逐渐增加，增速放缓。

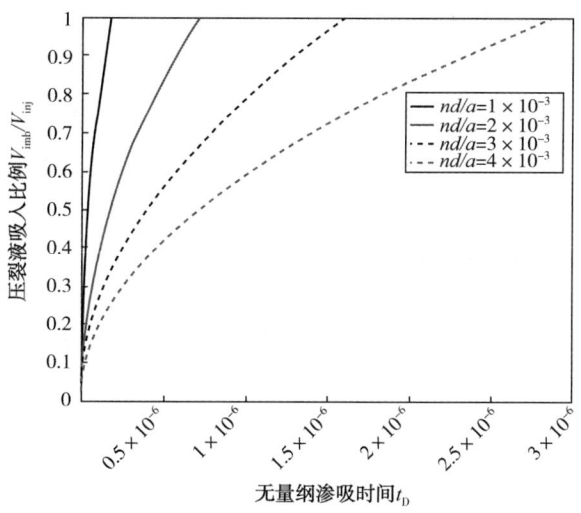

图7-11　无量纲渗吸时间对压裂液吸入比例的影响

图7-12显示了无量纲裂缝宽度对压裂液吸入比例的影响。在一定的无量纲渗吸时间下，随着无量纲裂缝宽度的增加，压裂液吸入比例逐渐降低。无量纲裂缝宽度较小时，压裂液吸入比例的降幅较大，随着无量纲裂缝宽度逐渐增加，降幅放缓。

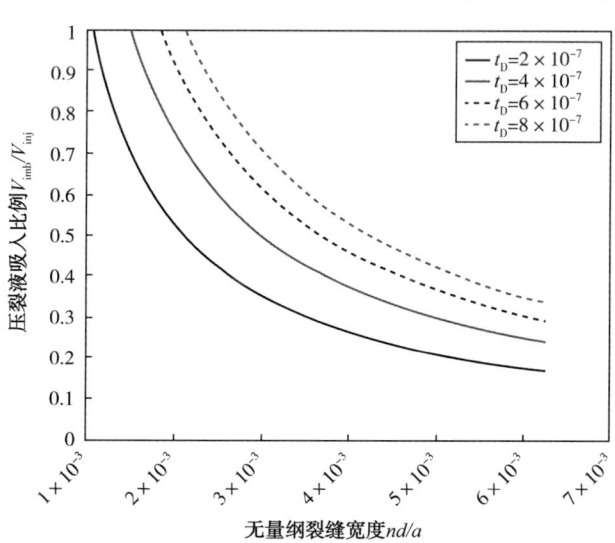

图7-12　无量纲裂缝宽度对压裂液吸入比例的影响

第三节 小　　结

本章建立一维非线性毛细管力渗吸模型，并进行数值求解，分析水相扩散系数影响因素，研究含水饱和度剖面随着空间和时间的变化；建立了三维毛细管力渗吸模型，并对压后返排率进行了分析，得到了相关的主控参数。主要研究结论如下：

（1）针对压差下渗流、毛细管力渗吸和盐离子扩散3个物理过程的特征时间进行了计算，发现3个特征时间相差两个数量级以上，达西渗流引起的变化可以迅速传递到物体内部各处，毛细管力引起的含水饱和度差扩散作用与其相比十分缓慢，而盐度差引起的离子扩散作用相比前两个过程则更加缓慢，因此可以近似认为3个物理过程可以解耦分析。

（2）样品三维渗吸初期，吸入水的体积/暴露面积与时间的平方根近似为线性关系。

（3）致密油储层返排率的高低取决于两个主控参数：无量纲渗吸时间和缝宽/缝间距。无量纲渗吸时间反映了致密储层的渗吸特征，而缝宽/缝间距反映了压裂缝网的形态特征。压裂液的返排率与无量纲渗吸时间成反比，与缝宽/缝间距成正比。

参　考　文　献

[1] 任凯，葛洪魁，杨柳，等．页岩自吸实验及其在返排分析中的应用[J]．科学技术与工程，2015，15（30）：106-123.

第八章 页岩储层人工裂缝导流伤害评价

研究压裂液吸收对表面强度弱化的影响,分析其对支撑剂嵌入和导流能力伤害的影响。采用龙马溪组、鲁家坪组、须家河组和五峰组的露头页岩开展室内导流能力实验,并与长7段致密砂岩和常规砂岩露头进行对比,研究压裂液吸收对人工裂缝导流能力的影响。该研究对深入认识页岩储层导流能力伤害机理、优化体积压裂设计和指导压裂施工具有重要意义。

第一节 压裂液渗吸引起的硬度软化特征

一、页岩储层的渗吸能力评价

针对页岩、致密砂岩和常规砂岩等6个样品开展室内逆向渗吸实验,用环氧树脂封固样品表面,仅留一个面吸水,样品基本信息如表8-1和图8-1所示。由于须家河组页岩样品黏土矿物含量高,不容易钻取,因此采用切割方法加工成型。岩石本身的尺寸和形状对渗吸产生的影响可以采用第三章的压裂液吸收表征方法进行归一化处理。

表8-1 室内渗吸实验样品信息

编号	样品	截面积,cm^2	厚度,cm	渗吸速率 $cm/h^{0.5}$	单位体积样品吸水量,%	驱动力系数 1/s	孔隙体积的倍数(自吸指数),PV
LM	龙马溪组页岩	31.3	0.8	0.0031	4.03	0.00238	3.1
L	鲁家坪组页岩	29.2	1.1	0.0021	3.61	0.00122	1.9
XJ	须家河组页岩	11.2	1.4	0.0058	5.06	0.0104	4.6
WF	五峰组页岩	29.8	0.7	0.0011	2.52	0.000823	1.2
ZS	致密砂岩	4.9	1.0	0.00635	4.2	0.00469	0.98
S	常规砂岩	5.0	5.1	0.1270	9.1	0.000624	0.75

采用压裂液吸收表征方法对6种样品的室内自发渗吸曲线(图8-2)进行对比研究。图中曲线斜率为渗吸速率,斜率越大,渗吸速率越高。6种岩石的渗吸速率的相对关系为常规

砂岩>致密砂岩>须家河组页岩>龙马溪组页岩>鲁家坪组页岩>五峰组页岩。曲线峰值越大，表明单位体积样品的吸水量越大，自吸能力越强，其相对大小关系为常规砂岩>须家河组页岩>致密砂岩>龙马溪组页岩>鲁家坪组页岩>五峰组页岩。常规砂岩压裂液吸收速率和吸收能力都明显高于其他页岩和致密岩石，然而砂岩岩板表面的支撑剂嵌入却非常不明显。说明吸水速率越快和吸水越多并不能导致岩石强度弱化越严重，这与常规的认识不相符。

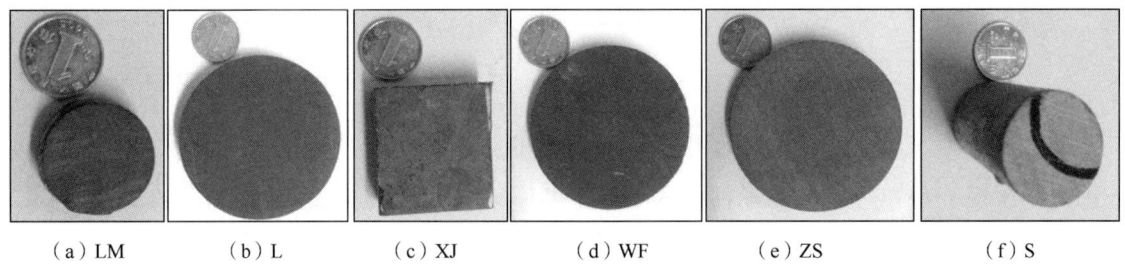

(a) LM　　(b) L　　(c) XJ　　(d) WF　　(e) ZS　　(f) S

图 8-1　自发渗吸实验样品图片

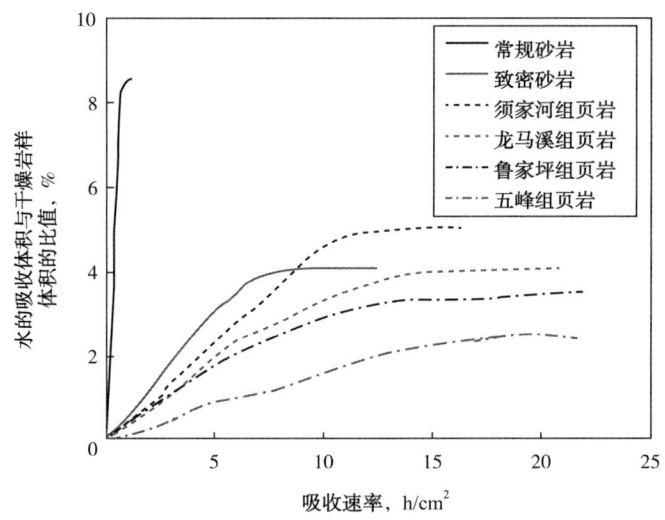

图 8-2　不同储层的自发渗吸曲线

二、页岩表面硬度的软化

支撑剂的嵌入程度与岩板表面的硬度有关，一般来说，硬度越高，支撑剂越难以嵌入。研究压裂液吸收对表面硬度的影响有利于深入理解压裂液吸收影响下的导流能力变化[1]。岩石表面硬度指的是抵抗外部物体压入的能力，是一个重要的岩石力学参数。图 8-3 为硬度测试装置图。

岩石硬度可以通过式(8-1)计算：

$$P_y = \frac{P}{S} \tag{8-1}$$

式中　　P_y——岩石表面硬度，MPa；

P——压头压入岩石时的最大载荷，N；

S——压头与岩石的接触面积，mm²。

图 8-3　硬度测试装置图

将样品浸没于蒸馏水中，测定表面强度随渗吸时间的变化，测试结果如图 8-4 所示。不同岩石表面硬度随着浸泡时间的延长不断下降，开始下降较快，然后降低速率慢慢变低。可以看出硬度弱化相对大小为须家河组页岩>龙马溪组页岩>鲁家坪组页岩>致密砂岩>五峰组页岩>常规砂岩，与支撑裂缝导流能力的伤害率呈非常好的正相关关系，说明表面硬度能够很好地反映支撑剂的抗嵌入能力[2]。换句话说，页岩吸水后引起表面硬度弱化，进而诱发支撑剂嵌入。

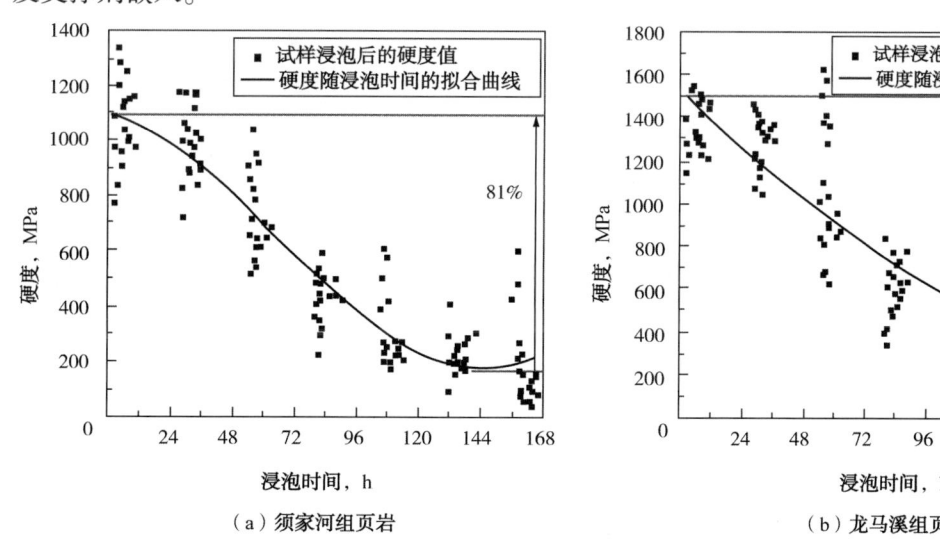

图 8-4　不同岩石表面硬度弱化规律

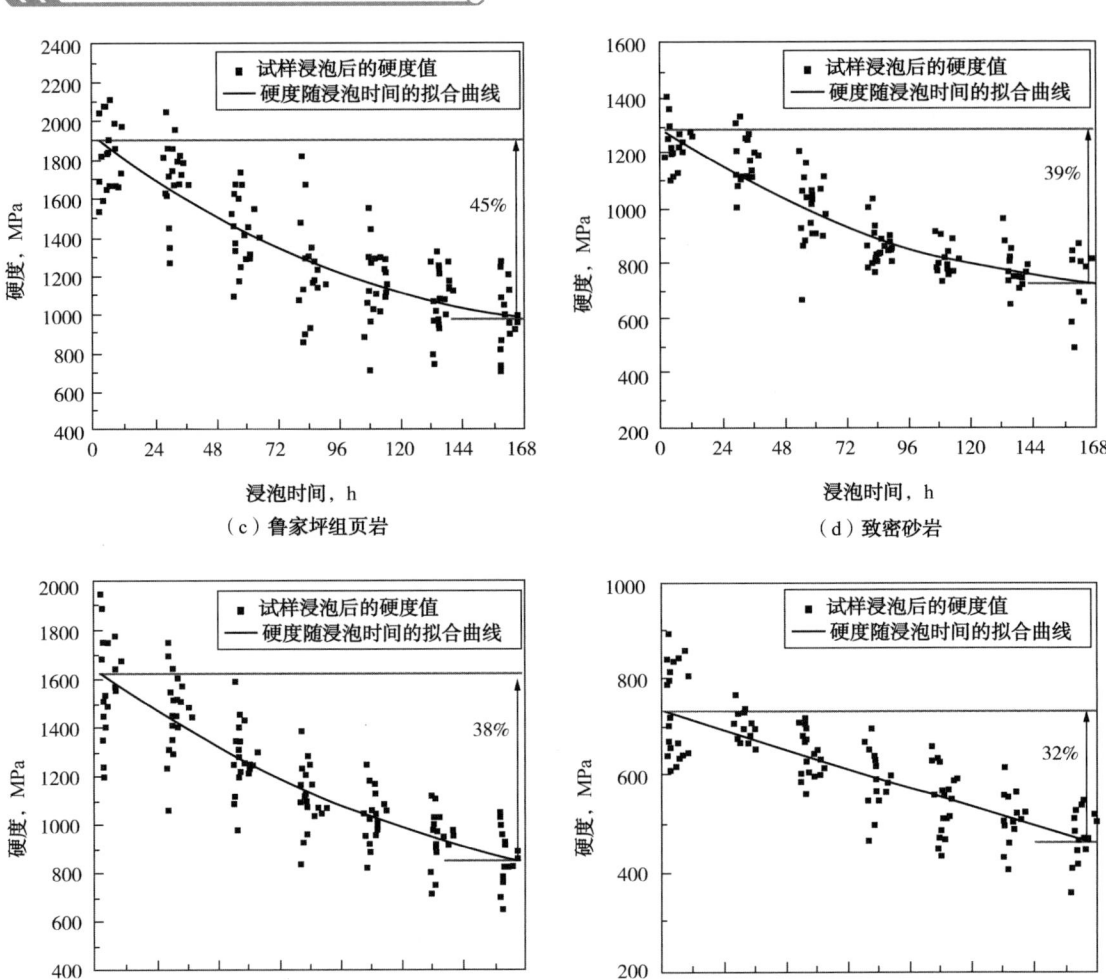

图 8-4　不同岩石表面硬度弱化规律(续)

第二节　页岩裂缝表面硬度软化引起的导流能力伤害

一、页岩裂缝导流能力模拟实验装置及方法

1. 样品及材料

实验所用页岩取自四川盆地龙马溪组、鲁家坪组、须家河组和五峰组的页岩露头，并与长7段致密砂岩和延长组常规砂岩对比研究。储层基本参数见表8-1。如前文所述，平行于层理的压裂液渗吸速率高于垂直于层理的压裂液渗吸速率，因此为了保证实验条件统一，

所有的样品面都平行于层理,即压裂液渗吸方向为垂直于层理方向[3]。

导流能力测试样品的长、宽、高分别为 17.7cm、3.8cm、2cm。此外,将两端加工成半圆形,以便与导流槽完全匹配(图 8-5 和图 8-6)。

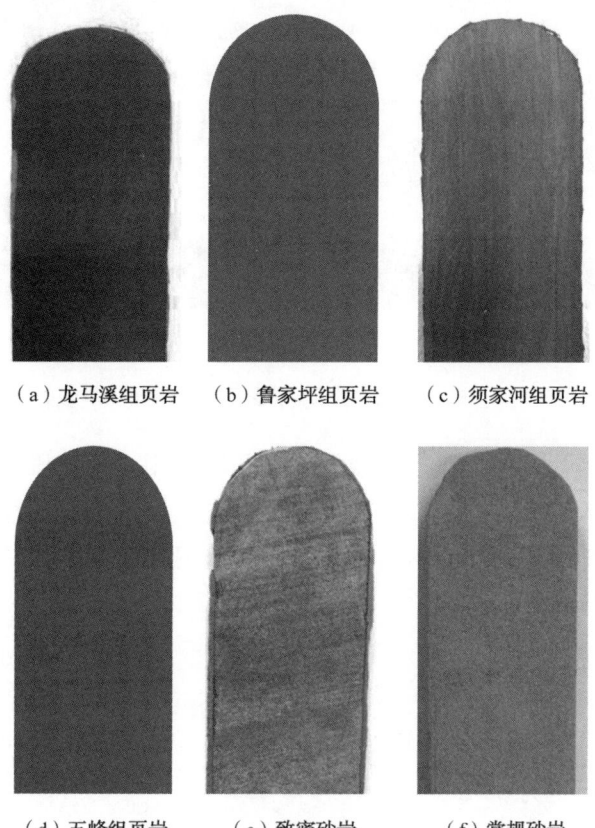

(a)龙马溪组页岩　(b)鲁家坪组页岩　(c)须家河组页岩

(d)五峰组页岩　(e)致密砂岩　(f)常规砂岩

图 8-5　不同储层岩石的导流板

(a)样品的大小

图 8-6　样品的大小形状与导流槽的匹配关系

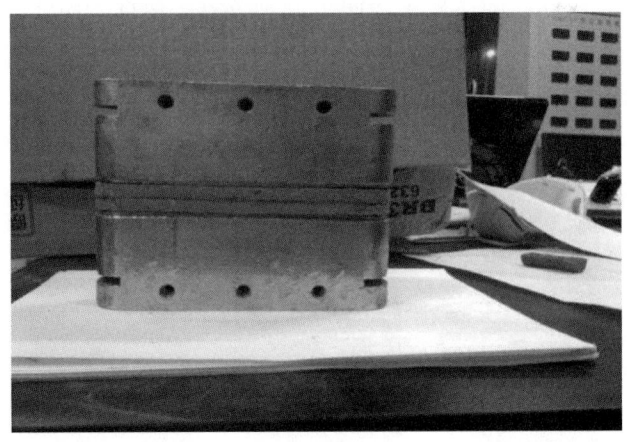

(b)导流槽形状

图 8-6 样品的大小形状与导流槽的匹配关系(续)

实验测试用的流体为两种干氮气和蒸馏水,干氮气用来测定压裂液吸收前后的岩板间导流能力变化,而通入蒸馏水用来模拟地层条件下压裂液的吸收过程。选用蒸馏水的原因是其活度较高,从而能够明显地展示出压裂液吸收对导流能力的影响规律。支撑剂采用石英砂(40/60目),实验前保持岩石样品和支撑剂干燥。

2. 实验仪器及测试原理

使用美国 Core-Lab 公司生产的导流能力测试仪(FCES-100)。图 8-7 为导流仪示意图。实验温度上限为 150℃,闭合压力上限为 120MPa,可以满足页岩短期或长期导流能力测试的要求。实验中温度恒定为 60℃。

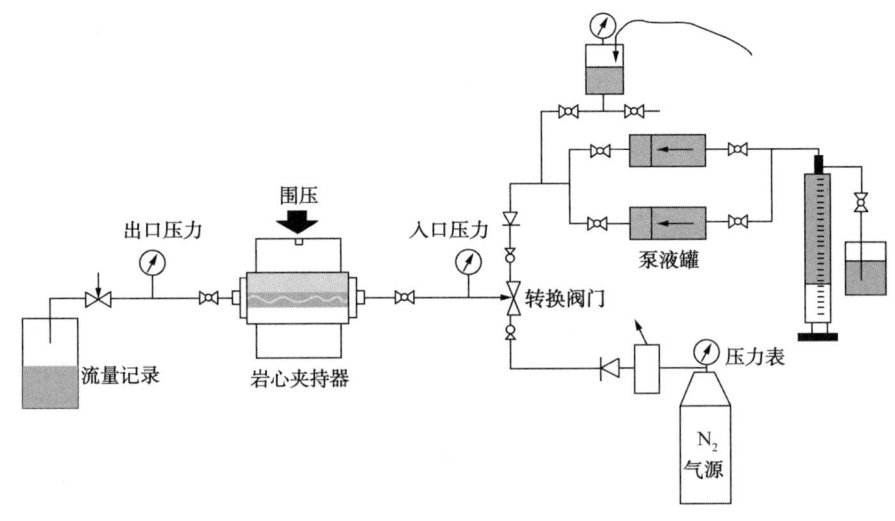

图 8-7 导流仪示意图

根据达西定律,可知:

$$K=\frac{Q\mu L}{A\Delta p} \tag{8-2}$$

式中 K——岩板间渗透率，mD；

Q——通过岩板间的流体流量，cm³/s；

μ——流体的黏度，mPa·s；

L——测试样品的长度，cm；

A——测试样品的面积，cm²；

Δp——样品两端压差，Pa。

液测导流能力公式可以进一步表示为

$$KW_f=\frac{5.411\times10^{-4}\mu Q}{\Delta p} \tag{8-3}$$

式中 K——岩板间渗透率，mD；

W_f——岩板间宽度，mm。

因此，实验过程中只需要测定流量和岩板两端的压差即可获得支撑裂缝的导流能力。

3. 实验步骤

整个实验装置分为 5 个单元，分别为注气单元、注液单元、导流槽单元、闭合应力加压单元、1000 Teledyne ISCO 泵，泵入速率为 0.1~408mL/min，工作压力为 0~14MPa，实验过程中采用的闭合压力为 50MPa。

实验前，支撑剂和页岩表面保持干燥，首先通入干燥氮气，测试时间为 1 天，测定流体伤害前支撑裂缝导流能力。然后改用 ISCO 泵以 2.5mL/min 的流速泵入蒸馏水，记录导流能力的变化，测试时间为 5 天。最后，再次通入干燥的氮气排驱裂缝中的水，并一直通入氮气干燥裂缝表面，直到气体流速稳定，来测定裂缝的导流能力，测试时间为 1 天，通过对比前后气测导流能力变化估算导流能力伤害程度。此外，还要开展一组一直通入干燥氮气的对比实验，研究通入水前后的支撑裂缝导流能力的变化。实验后，观测页岩表面支撑剂的嵌入程度。

二、页岩岩板导流能力变化

图 8-8 为不同岩石支撑裂缝导流能力变化曲线。虽然 6 种岩石的岩性差异较大，但是支撑裂缝导流能力曲线却具有相似的特征。曲线基本分为 3 个阶段：第 Ⅰ 阶段，通入干燥氮气，实验测试时间为 24h，在闭合压力 50MPa 下，岩板表面发生弹性蠕变，支撑剂开始慢慢嵌入，气测导流能力随着测试时间延长逐渐下降，但是变化不大；第 Ⅱ 阶段，开始通入蒸馏水，测试时间持续 120h，通入蒸馏水初期（24~72h），导流能力迅速下降，之后下降速率慢慢降低，曲线开始变得平缓；第 Ⅲ 阶段，再次通入干燥氮气，初期气体驱替水，气测导流能力非常低，随着测试时间的延长，水被慢慢驱替出来，便进入长时间的风干期，

导流能力慢慢恢复，一直到气体流速稳定。在此过程中，不会有大的液滴流出，气体风干了裂缝表面，因此裂缝内是单相流动，但是无法恢复到第Ⅰ阶段的导流能力，可以通过第Ⅰ阶段和第Ⅲ阶段的气测导流能力变化来定量评价通入蒸馏水后的支撑裂缝伤害。

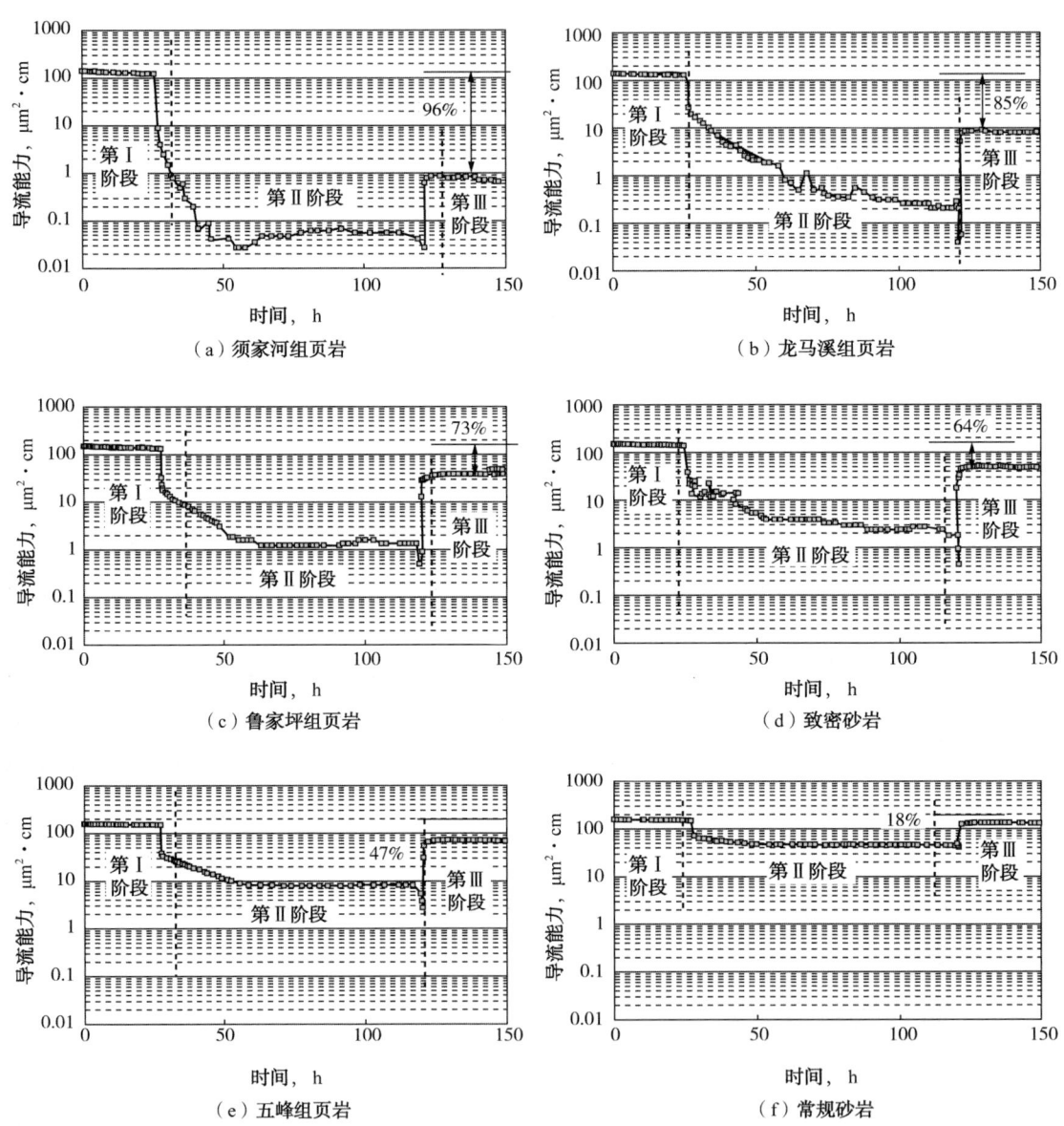

图 8-8　不同岩石支撑裂缝导流能力变化曲线

图 8-8(a)为须家河组页岩的电导率变化曲线，原始的没有伤害的支撑裂缝导流能力为 $142.5\mu m^2 \cdot cm$，通过水后明显地降低到 $0.06\mu m^2 \cdot cm$。再次通入干燥氮气，气测导流能力只能恢复到 $8.7\mu m^2 \cdot cm$。由于蒸馏水在岩板表面的流动过程，导流能力降低了约 94%，此

外图 8-9(a)和图 8-10(a)中显示支撑剂出现严重的嵌入,说明通过水后页岩表面强度明显弱化,导致支撑剂重新分布甚至全部嵌入,大大降低了导流能力。需要指出的是,在相同的实验条件下,前 20h 导流能力能够降低 20%,但是明显低于 94%,可以看出导流能力的降低不仅仅是通常认识的页岩表面蠕变引起的,压裂液与页岩的强相互作用是导致导流能力明显降低的主要原因。

(a)须家河组页岩

(b)龙马溪组页岩

(c)鲁家坪组页岩

(d)致密砂岩

(e)五峰组页岩

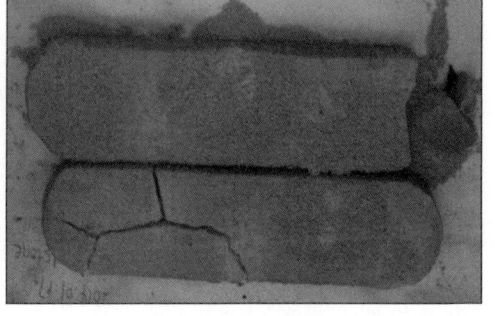
(f)常规砂岩

图 8-9　实验后不同岩石的岩板表面

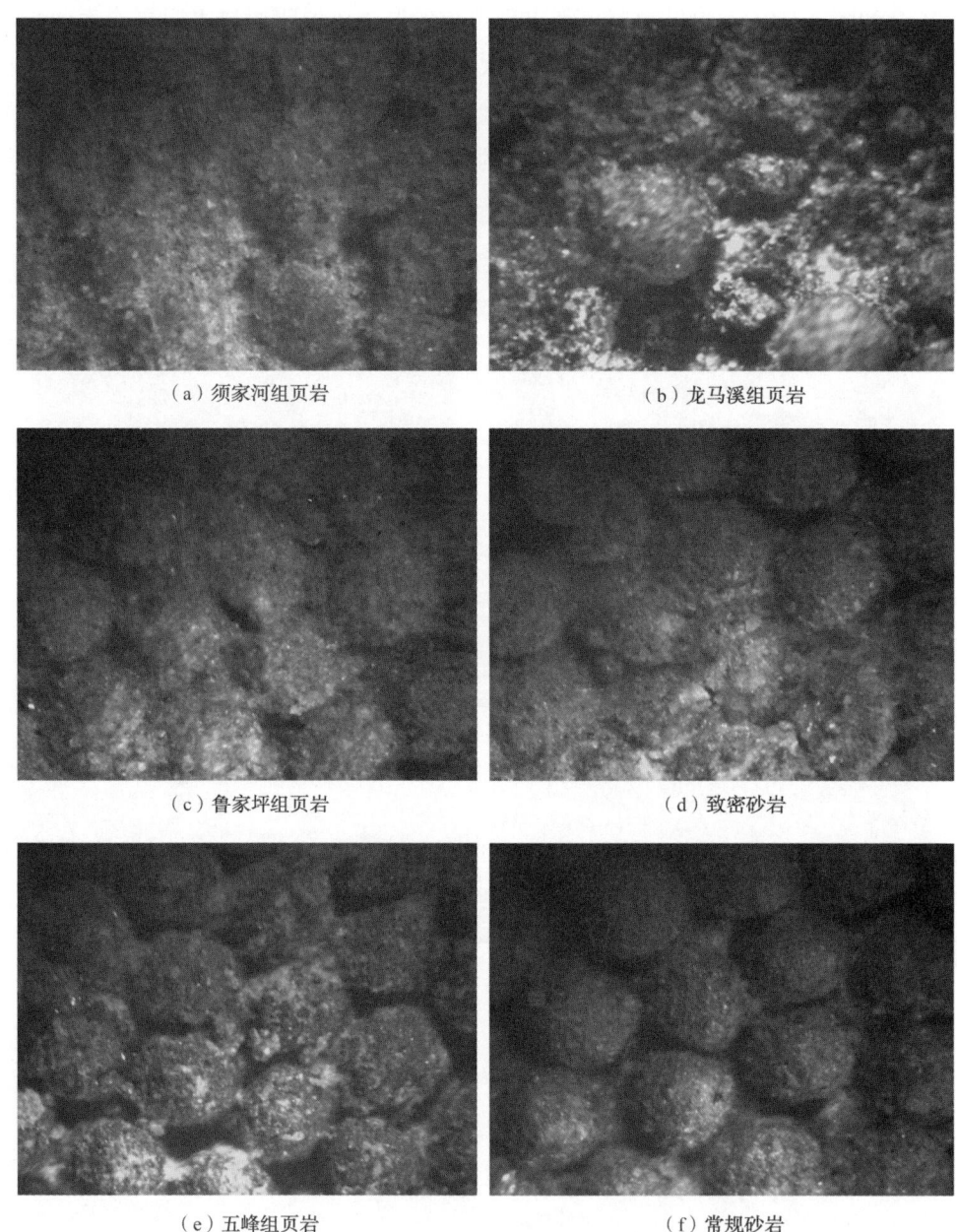

图 8-10　实验后显微镜观测不同岩板支撑剂嵌入情况

图 8-9 显示了实验后不同岩石的岩板表面。对比图 8-5 可以看出，实验后岩板表面开始变得粗糙，出现不同程度的"凹坑"型损伤，说明支撑剂嵌入岩板表面。通过肉眼观察岩板表面凹坑的密集程度和深度，可以得出损伤程度排序为须家河组页岩>龙马溪组页岩>鲁家坪组页岩>致密砂岩>五峰组页岩>常规砂岩。其中须家河组页岩和龙马溪组页岩表面布满凹坑，且泛起一层软物质，说明支撑剂嵌入严重。而五峰组页岩岩板表面凹坑不明显，

常规砂岩岩板表面几乎无变化。

研究采用的支撑剂铺设模式为多层铺设,而在页岩体积缝网压裂过程中,单层支撑缝是最容易产生的。图 8-11 展示了单层支撑剂嵌入前后导流空间的变化情况。近页岩裂缝表面具有更高的孔隙空间可以通过流体,因此,初期 10% 的支撑剂嵌入都能够引起很大的导流空间的降低。在嵌入相同体积时,前期嵌入引起的导流空间的降低程度明显高于后期嵌入,因此,当泵入低密度的支撑剂时,支撑剂嵌入是导致导流能力降低的主要因素[4]。相较于单层支撑裂缝,铺设多层支撑剂能够明显地降低支撑剂嵌入带来的负面影响,这是因为多层支撑剂的导流空间主要依赖于颗粒之间的孔隙,而不是颗粒与壁面间的孔隙,支撑剂的嵌入对多层支撑剂影响不大(图 8-12)。

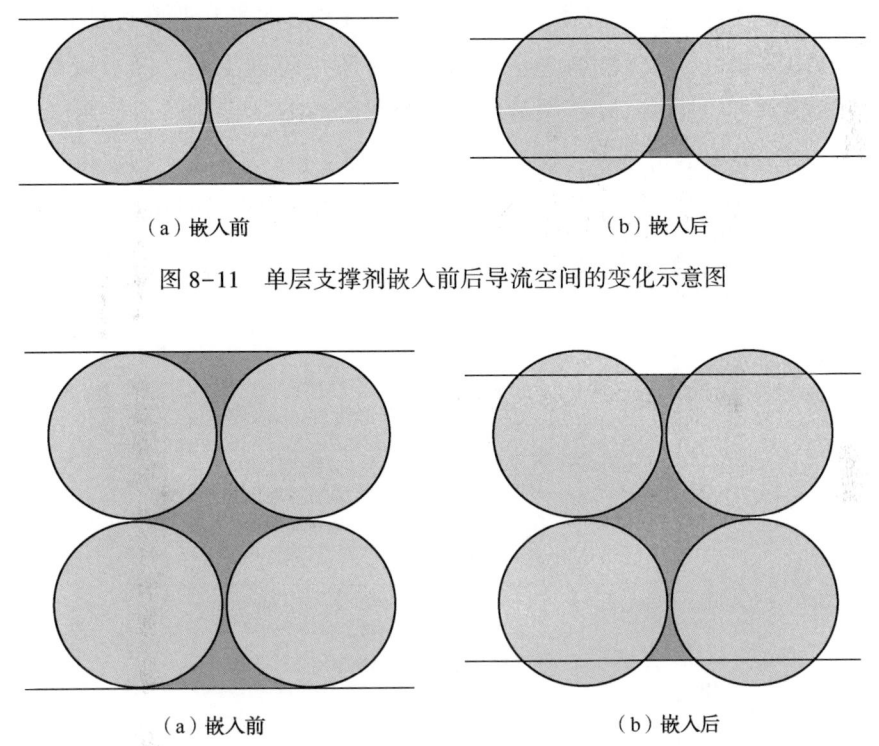

(a) 嵌入前　　　　　　　　(b) 嵌入后

图 8-11　单层支撑剂嵌入前后导流空间的变化示意图

(a) 嵌入前　　　　　　　　(b) 嵌入后

图 8-12　双层支撑剂嵌入前后导流空间的变化示意图

在砂岩开展相同的导流能力实验。砂岩原始的气测导流能力为 $159.1\mu m^2 \cdot cm$,通入水后气测导流能力为 $131.2\mu m^2 \cdot cm$,导流能力约下降 18%,变化不大。导流能力下降主要与砂岩岩板表面弹性蠕变有关。通过砂岩与页岩的对比可以看出,压裂液吸收对裂缝导流能力的变化与岩性有关。施工经验表明,页岩储层压后返排率普遍低于 30%,相对于砂岩储层,页岩储层具有更强的压裂液吸收能力。从工程角度来看,储层对压裂液的强吸收能力可能是导致页岩表面强度弱化的主要原因。

三、表面硬度软化引起的导流能力伤害

压裂液吸收的驱动力为毛细管力和黏土矿物渗透压,而富黏土矿物页岩的压裂液吸入体积会明显超过气测孔隙体积。在页岩储层中导致压裂液吸收的主要因素很有可能是黏土矿物化学作用。这里采用因次分析法来分析黏土矿物渗透压对页岩表面强度弱化的影响。

岩石的吸水能力与孔隙度存在较大的关系,然而孔隙度的大小并不能影响页岩与流体的相互作用,因此将页岩自吸能力除以孔隙度得到单位体积孔隙的吸水量,即自吸指数(表8-1)。从表8-1中可以看出,除常规砂岩以外,其他所有的页岩和致密岩石的含水饱和度(自吸指数)都接近1或明显超过1。自吸指数越高,说明化学作用越强,图8-13(a)展示了导流能力伤害与孔隙体积倍数之间的关系,两者之间具有非常好的正相关关系。随着自吸指数(孔隙体积的倍数)增加,导流能力伤害程度迅速上升,当自吸指数超过2后,伤害上升速度逐渐放缓。图8-13(a)中可以分为两个区,Ⅰ区为毛细管力作用区,随着孔隙内部完全充满水,部分饱和效应消失,岩石强度迅速下降;Ⅱ区为黏土矿物水化作用区,当黏土矿物与水接触后,黏土矿物膨胀,降低黏土矿物的层间内聚力进而引起页岩骨架强度降低。

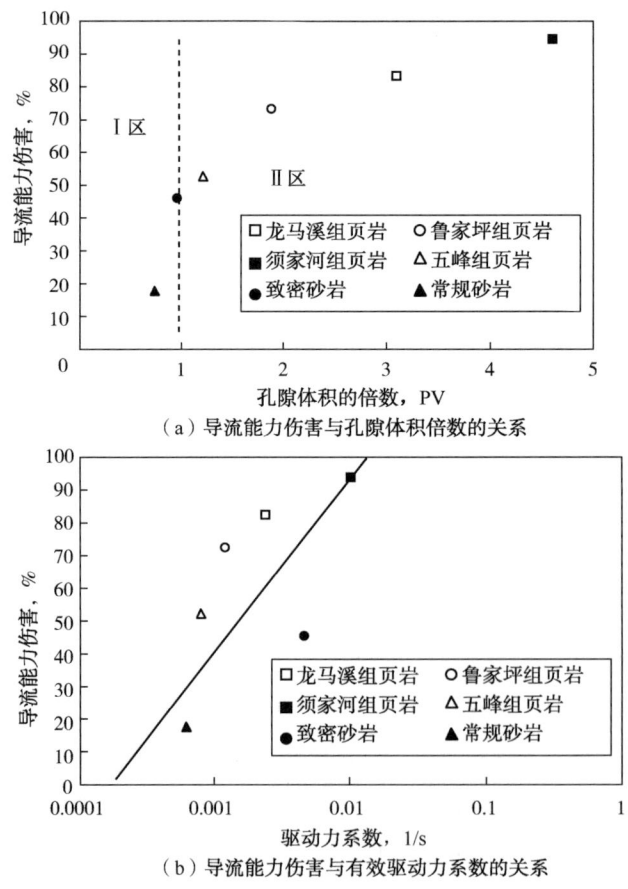

(a)导流能力伤害与孔隙体积倍数的关系

(b)导流能力伤害与有效驱动力系数的关系

图8-13 导流能力伤害与孔隙体积倍数和有效驱动力系数的关系

有效驱动力系数很大程度上反映了 $p_c+p_\pi-p_f$ 大小，其中 p_f 为岩心内流动摩阻[5]。图 8-13(b)展示了导流能力伤害与有效驱动力系数的关系。从图中可以看出，导流能力伤害随有效驱动力系数增加而增加。当水自发进入页岩后，并不能完全驱替出所有的气体，大量的残余气体被圈闭在小孔隙或有机质内部。黏土矿物膨胀压力和毛细管力的存在都会导致孔隙压力上升，同时由于页岩渗透率极低，近裂缝壁面的孔隙压力难以传递，因此在近裂缝壁面会形成一定的孔隙压力(图 8-14)。由于孔隙压力的存在，页岩基质的有效应力降低，在闭合应力作用下，容易导致拉伸微裂缝的产生及扩展，引起表面骨架强度降低，诱发支撑剂嵌入、导流能力降低。此外，页岩与水的相互作用降低了有效应力、杨氏模量、单轴抗压强度，最终导致了岩石破坏。

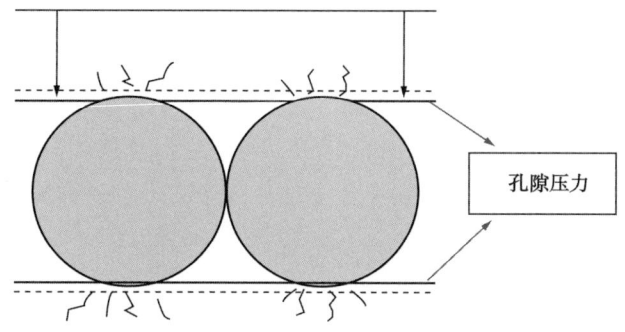

图 8-14 支撑裂缝表面孔隙压力示意图

第三节 小 结

（1）在闭合压力 50MPa 下，页岩导流板通水后，裂缝导流能力明显下降了 94%，而常规砂岩导流板通水后，导流能力只降低了 18%，这与压裂液吸收引起的表面强度弱化有关。相较于常规砂岩，页岩吸水后表面硬度明显降低，进而导致支撑剂严重嵌入，导流能力下降。

（2）对于单层支撑的裂缝，支撑剂嵌入是导致导流能力降低的主要因素。在嵌入相同体积时，前期嵌入引起的导流空间的降低程度明显高于后期嵌入；相较于单层支撑在嵌入深度相同的情况下，多层支撑剂的导流能力下降低于单层支撑剂的导流能力下降。

（3）导流能力的伤害主要与页岩吸水后发生的黏土矿物化学作用有关，化学作用的强度越高，通水后导流能力的降低越明显。

参 考 文 献

[1] Reed M G. Gravel pack and formation sandstone dissolution during steam injection[J]. Journal of Petroleum

Technology, 1980, 32(6): 941-949.

[2] Parker M A, McDaniel B W. Fracturing treatment design improved by conductivity measurements under in-situ conditions[C]//SPE Annual Technical Conference and Exhibition. Society of Petroleum Engineers, 1987.

[3] Fredd C N, McConnell S B, Boney C L, et al. Experimental study of fracture conductivity for water-fracturing and conventional fracturing applications[J]. SPE journal, 2001, 6(3): 288-298.

[4] Civan F. Reservoir formation damage[M]. Texas: Gulf Professional Publishing, 2015.

[5] Kassis S, Sondergeld C H. Fracture permeability of gas shale: Effect of roughness, fracture offset, proppant, and effective stress[C]//International oil and gas conference and exhibition in China. Society of Petroleum Engineers, 2010.

第九章　页岩储层渗吸在地应力预测中的应用

基于渗吸引起的富有机质页岩拉伸裂缝扩展的机理，分析压裂液吸收对储层渗透率的影响，阐明地层条件下拉伸裂缝的分布特征，并将渗吸作用引入地应力模型，修正传统的地应力预测方法[1]。该研究成果对体积压裂优化设计及压后返排分析具有重要的指导意义。

第一节　页岩储层压裂液渗吸致拉伸裂缝扩展机理

制备尺寸约为 3cm×2cm×1cm 的长方体页岩样品，在温度 105℃下烘干至质量不再变化，整体浸没于蒸馏水中，保持各面与水接触（不需要环氧树脂封固），使用精度为 0.00001g 的电子天平测定页岩样品的质量随时间的变化，并将结果传递至电脑。压裂液渗吸实验测试完毕后，将样品烘干，重复测试。

图 9-1 显示了两次渗吸实验后的页岩样品变化情况。从图中可以看出，页岩表面产生了不规则的微裂缝。图 9-2 为单位质量样品吸水质量与时间的平方根的关系曲线，发现第二次自发渗吸实验的吸水质量明显超过第一次，表明第二次自发渗吸实验之后样品的孔隙体积增加。第二次自发渗吸实验曲线线性长度大于第一次自发渗吸实验曲线，说明第一次自发渗吸实验后微裂缝出现了扩展。压裂液吸收诱发拉伸裂缝在一定程度上提高了孔隙度和渗透率，提高了渗吸能力和渗吸速率。

富有机质页岩的压裂液渗吸主要受毛细管力和渗透压共同控制，水吸入页岩之后发生的一系列物理化学反应使得基质膨胀，孔隙压力上升。页岩内部产生拉伸应力，当超过抗拉强度时，即产生拉伸裂缝[2]。

页岩同时发育亲油的有机质和亲水的黏土矿物，因此具有混合润湿的特点。有机质孔隙发育，连通性较好，且具有憎水性（图 9-3）。水进入页岩之后无法占据有机质孔隙，因此大量气体被圈闭在有机质内部（图 9-4）。

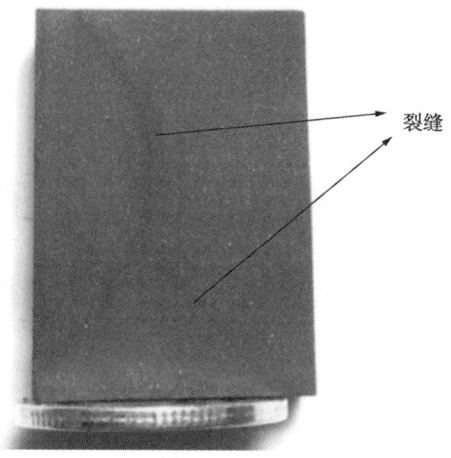

图 9-1　自发渗吸实验后的页岩样品

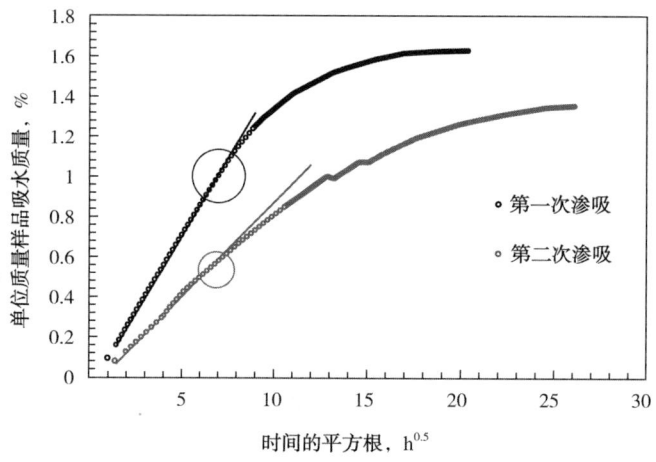

图 9-2　单位质量样品吸水质量与时间的平方根的关系曲线

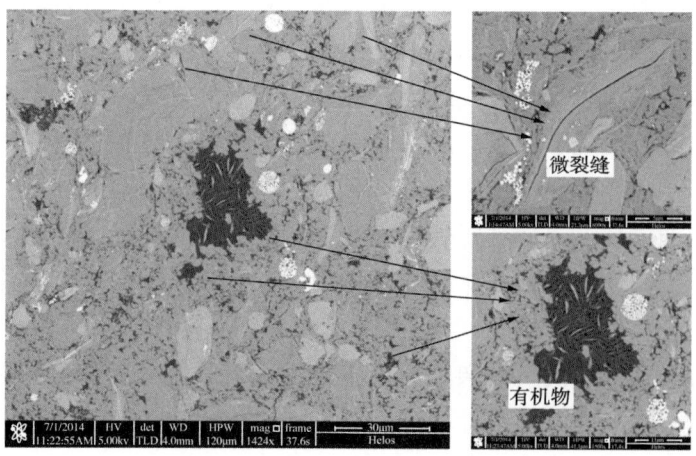

图 9-3　龙马溪组样品的 SEM 图

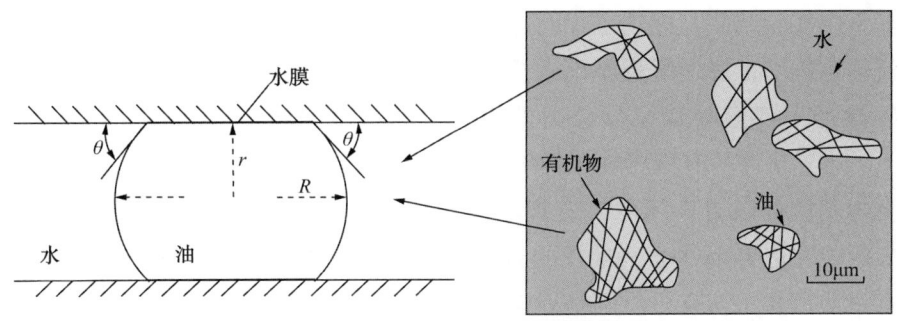

图 9-4 圈闭在页岩中的气泡

在孔隙壁面能够形成一层水膜时,气泡施加在孔隙壁面的合力为

$$p_I = p_c - \frac{\sigma}{r} \tag{9-1}$$

如果孔隙壁面无法形成,气泡被圈闭在孔隙边角处,则施加在孔隙壁面上的合力为

$$p_g - p_w = p_c \tag{9-2}$$

因此,由毛细管力引起的基质内孔隙压力大小为 $p_I - p_c$。页岩储层毛细管力较高(5.3~19MPa),超低含水饱和度诱发的毛细管势能大,同时页岩的渗透率较低,不利于压力的传递,即使吸入少量的液体,孔隙压力也会明显上升[3]。

此外,页岩黏土矿物总含量高(大于20%),黏土矿物类型以伊蒙混层为主。根据渗透压公式[式(9-2)]可知,当膜效率低于0.5时,页岩吸水膨胀产生的孔隙压力范围为0~20MPa。

在毛细管力和化学渗透压联合作用下,自发渗吸导致的基质内孔隙压力 δ_p 为

$$\delta_p = p_\pi + p_c \tag{9-3}$$

压裂液自发渗吸引起的基质内孔隙压力比页岩的抗拉强度(3~5MPa)大得多,有足够的条件可以诱发拉伸裂缝扩展。

压裂液与页岩相互作用对页岩强度的变化具有重要影响[4]。压裂液吸入页岩储层后,岩石的表面能和内聚力迅速降低。Karfakis 和 Akram(1993)发现浸没在化学溶液中可以明显地降低裂缝扩展所需的应力。对于硅质岩石,可以使扩展所需的应力降低至1/5,这些过程很有可能引起裂缝的产生。此外,页岩与流体的相互作用也会降低拉伸强度,促使拉伸裂缝的产生。

渗吸实验在常温常压下进行,因此压裂液吸收引起的拉伸裂缝扩展是在没有围压的条件下进行的,样品处于自由边界条件下,拉伸裂缝可以自由扩展。然而,在储层条件下,页岩受三向地应力作用,拉伸裂缝扩展需要侧向位移,而软弱的有机质可以为拉伸裂缝的扩展提供条件。在研究过程中,常规的储层岩石被假定为连续性介质[5]。但是富有机质富含黏土矿物和发育微裂缝,具有很强的非连续性。所以,富有机质页岩的性质明显不同于常规储层岩石。有机质占据较高的体积分数使得线弹性的连续理论并不能很好地适用于页岩应力分析。而离散的颗粒流理论在描述页岩的破坏方面具有非常好的优势,可以帮助研

究人员加深室内实验结果与现场工程问题的理解。

颗粒流理论能够很好地解释不同边界条件下自发渗吸引起的拉伸裂缝现象。毛细管力和黏土矿物渗透压都会导致拉伸应力的产生，当超过拉伸强度时，拉伸裂缝则会扩展。图9-5为不同边界条件的有机页岩拉伸裂缝形成机理图。图9-5(a)中，由于没有边界条件的限制，页岩基质可以自由膨胀，宏观的拉伸破坏是无序的，更倾向于形成网状的裂缝。当页岩处在定位移边界条件下，常规的岩石倾向于被压实，只有微观的剪切破坏产生。然而，在富有机质页岩中，有机质网络能够为拉伸破坏提供空间位移[图9-5(b)]。此时的破坏也是无序的，然而裂缝的数量可能明显地少于图9-5(a)中所示裂缝数量。当岩石样品处在应力边界条件下时，优势方向的裂缝将会扩展形成平行于最大主应力方向的裂缝，进而形成宏观的裂缝面[图9-5(c)]。所以地层条件下的页岩处在三向地应力边界条件下，自发渗吸引起的拉伸破坏是非常有可能的，这个特征与常规储层存在明显的不同。

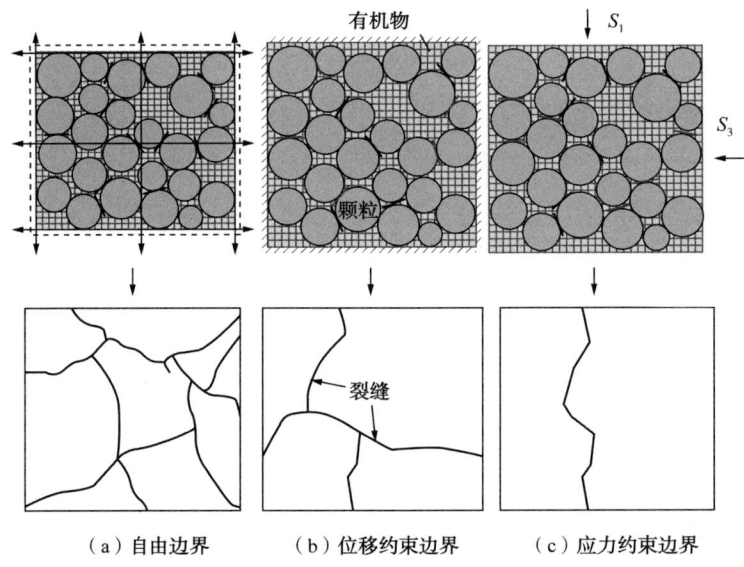

图9-5 不同边界条件的有机页岩拉伸裂缝形成机理图

然而，在地层条件下，页岩压裂液吸收诱发的拉伸裂缝扩展往往难以观测。焖井过程中压裂液与页岩的相互作用类似于钻井过程中钻井液与页岩的相互作用，井壁诱导拉伸裂缝的形成机理与压裂液诱发的拉伸裂缝存在很好的相似性。因此，可以通过井壁成像测井研究地层条件下富有机质页岩渗吸诱发的拉伸裂缝扩展机理。

第二节 页岩气井井壁诱导拉伸裂缝分布特征

井壁诱导拉伸裂缝是在钻井过程中形成的，当近井壁周向应力超过岩石抗拉强度后，井壁诱导拉伸裂缝开始产生并扩展，向地层中的扩展深度往往小于 1cm[6]。井壁诱导裂缝在井壁上呈 180°对称分布，分布方位与最大水平地应力的方向一致。而井壁诱导裂缝在地层纵向上的分布则很好地反映了区域地应力特征，可为地应力的预测提供丰富的信息。本节通过井壁成像测井分析页岩地层井壁诱导拉伸裂缝的分布特征，阐明地层条件下井壁拉伸裂缝与页岩渗吸的关系，并将黏土矿物渗透压和毛细管力诱发的渗吸作用引入地应力预测模型，修正最大水平地应力的预测值。

目前，大部分的地应力预测模型主要是基于各向同性介质假设建立起来的。Thiercelin 和 Plumb（1949）讨论了线弹性的横观各向同性的地应力模型；Treutwein-Bruns 等（2010）根据井壁破坏确定了地应力方向，同时建立了基于岩体摩擦的岩石力学模型，计算水平地应力纵向剖面的变化；Zoback（2003）提出了经典的应力多边形法来计算地应力大小；Morita（1990）则认为当井壁周向应力等于岩石的拉伸强度时，井壁才会出现拉伸裂缝，成像测井井壁诱导裂缝的分布是计算地应力的重要信息。然而，这些地应力计算方法仍然存在较大的局限性，尤其是最大水平地应力的获取往往存在较大的误差。Wiprut（2003）发现最大水平地应力的计算结果存在较大的波动，正如 Brudy（1997）所提出的最大水平地应力的值更倾向于是一个下限，因为井壁诱导裂缝也会在没有过高的钻井液密度和低温钻井液的条件下产生，这表明常规的基于井壁诱导裂缝预测地应力的理论存在一定的局限性[7]。常规的理论应该考虑多个参数的影响，钻井液的性质、地层的渗透率、致密储层近井壁高孔隙压力等都会导致井壁诱导裂缝的扩展。

渝东南地区（四川盆地及其周缘地区）古生代为海相沉积，主要沉积环境为陆棚相和滨岸相，是中国海相页岩气勘探的先导区之一，其北部黔江页岩气区下志留龙马溪组已经发现较好的页岩气显示，但是目前的先导试验探井开发效果差，分析其控制机理对该研究区的进一步开发具有重要的意义。渝东南地区地层水平构造应力强，水平压力差大，对页岩气水平井分段压裂改造具有强控制作用，使其不易产生网状裂缝，限制了页岩气的高效开发。地应力是控制压裂改造的关键，研究区 A 页岩气井发育大量的井壁诱导裂缝，可为研究地应力场提供重要信息，提高对地应力的认识，有助于优化体积压裂的设计，指导压裂改造实施。然而，A 页岩气井却没有过高的水平应力差和过高的钻井液密度，表明目前关于页岩气井的井壁诱导裂缝的形成机理尚不完善。围绕成像测井井壁破坏，结合小型压裂施工、生产测试、储层特征以及区域地质构造、震源机制解等，研究地应力的大小、方向、断层控制机制以及人工裂缝的发育形态，分析渗吸机理在页岩储层地应力预测中的影响。

一、研究区构造分布

研究区从晚三叠世以来经历多期构造运动，大量褶皱和断裂从中侏罗世开始发育，到中白垩世基本定型，从晚白垩世开始有了进一步的发展。发育一系列北东向的雁列式断层，形成了现今的北北东向山脉及小型山盆相间的地貌景观。根据第四纪活动构造力学性质分析，渝东南地区构造走向比较一致，呈北东向展布，主要表现为压性逆冲力学性质，主压应力方向为北西—北西西。

该区属于东太平洋板块和西印度洋板块运动的"中间过渡地区"，处于强构造应力区，地震活动性强，是中国地震分布主要区域之一。现今的地应力方向可以通过近期发生地震的震源机制解获取。据记载，1856年黔江小南海（距离A井区东北约15km）发生6.25级地震，地震时的主压地应力方向呈东西方向，此次地震与黔江逆滑断层的活动性密切相关。因此，A井研究区地应力具有逆/滑特征，结合南部的水力压裂确定的地应力方向，可以判断该区最大水平地应力方向为近东西向。

A井是2012年部署在渝东南的一口页岩气预探井，钻遇层系主要发育下志留统龙马溪组—上奥陶统五峰组海相烃源岩，为暗色泥岩、粉砂质泥岩和炭质泥岩。A井井深880m，300m以上套管尺寸为12¼in❶，300~880m的套管尺寸为8.5in。最大的井斜角为11.19°，取心深度为727~801.8m，取心段长为74.8m，测井的井段为570~853.7m。除了常规的测井项目外，还进行了快速平台中子密度测井、伽马能谱测井、微电阻率扫描成像测井。其中高精度的成像测井（FMI）可以显示沉积、构造、裂缝、井壁破坏、岩性等信息，为研究区地应力特征的分析提供了很好的依据。储层埋藏深度792~801.8m，龙马溪组以及五峰组的3段储层（1号727.0~778.0m，2号778.0~792.0m，3号792.0~801.8m）物性、含气性较好。其中含气性最好的页岩气3号层位共9.8m，对3段页岩地层共74.8m进行压裂改造。

二、页岩气井壁诱导拉伸裂缝分布特征

图9-6所示为斯伦贝谢公司的常规测井曲线，分别为双井径测井曲线、各向异性测井曲线、声波测井曲线、伽马测井曲线和密度测井曲线，其中MD为测深，椭圆形标注微弱的井径变化，实心方块标注了小型压裂测试的位置。射孔段为730~733m、748~751m、794~797m。井径测井曲线显示，深度600m和700m处出现微小的井径变化，说明井壁出现轻度崩落，然而在成像测井图像上，崩落条带并不明显，因此不做统计；第二列各向异性参数显示，由于页岩地层层状特征明显，属于典型的TIV介质地层，上部井段具有明显的横观各向同性（TIV）特点，考虑TIV各向异性下的岩石力学参数，可以得到更加精确的地应力剖面；第四列的伽马测井曲线和密度测井曲线显示，800m以上地层，随着深度的增加，GR逐渐升高。然而，随着深度的增加，岩石密度逐渐下降，但是密度相对较低的黏土矿物的含量也在不断降低，说明总有机碳对岩石密度的影响较大。憎水性的干酪根密度较小，孔隙度较高，在富有机质页岩中体积分数较高，对页岩性质和页岩气产出影响较大。

---

❶1in=0.0254m。

表9-1中列出了A井页岩样品矿物组成。从表中可以看出，黏土矿物含量较高(大于30%)，伊利石和伊蒙混层为主要的黏土矿物类型，页岩遇水后性质变化较大。

表9-1　A井页岩样品矿物组成

项目		深度，m	伊蒙混层 %	伊利石 %	绿泥石 %	石英 %	长石 %	方解石 %	白云石 %	黄铁矿 %	总有机碳 %
龙马溪组	1	727~778	7.6	17.1	14	33.7	16.6	2.6	4.5	2.4	0.8
	2	778~792	10.1	9.8	11.6	40	17.4	3.5	3.8	3	1.4
五峰组	3	792~801	6.8	10.4	5.15	49	9.2	9.4	3.4	4.7	3.2

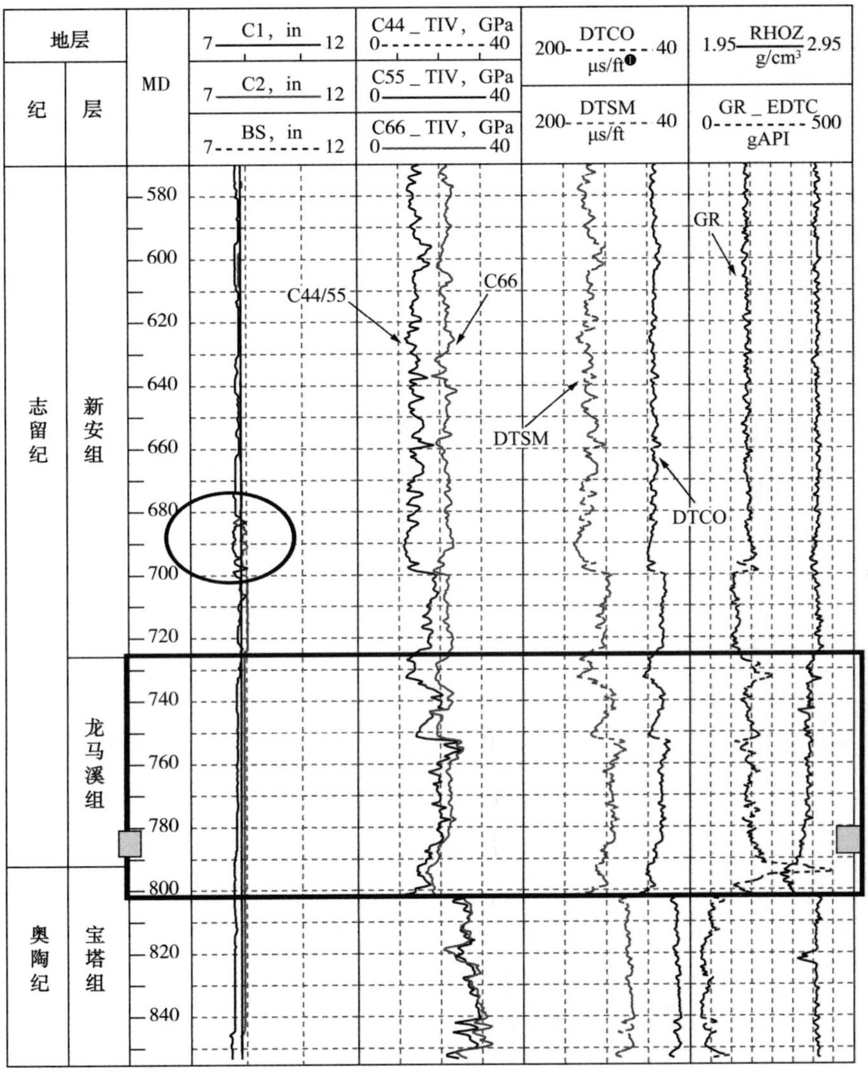

图9-6　A井的常规测井数据(引自斯伦贝谢公司)

❶1ft=0.3048m。

虽然双井径测井曲线显示井径有轻微的变化，然而在成像测井图像上却没有发现明显的崩落，说明 A 井可能发生轻度崩落，这里不做分析。图 9-7 显示了 A 井井壁成像的统计结果。从图中可以看出，A 井发育大量的井壁诱导裂缝，且裂缝方向平行于井筒，对称分布。根据 Zoback 应力分析法，发育大量井壁诱导裂缝，说明研究区地应力为逆滑断层特征。此外，统计结果显示，井旁最大主应力方向为北东 95°（误差约 9°），为近东西方向，与区域地应力场的方向一致。

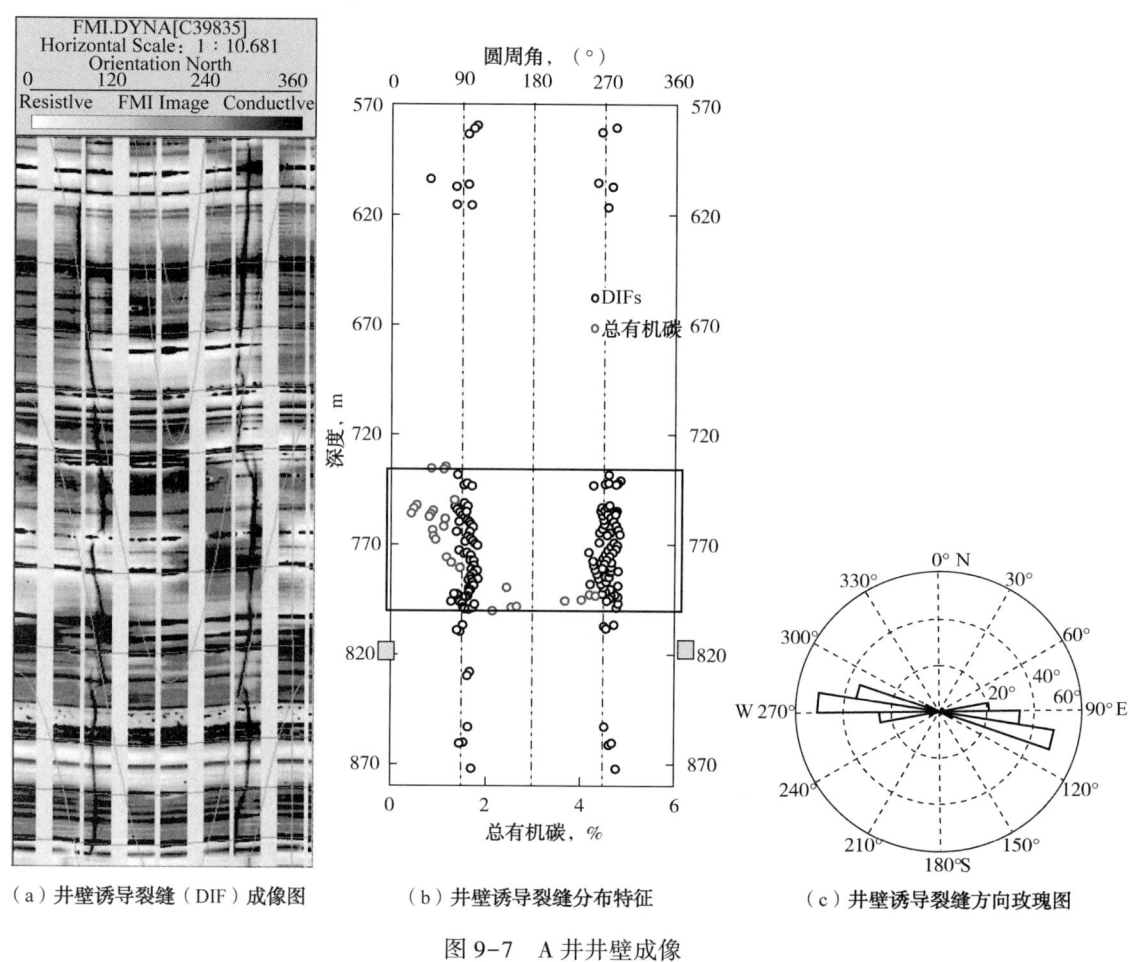

（a）井壁诱导裂缝（DIF）成像图　　（b）井壁诱导裂缝分布特征　　（c）井壁诱导裂缝方向玫瑰图

图 9-7　A 井井壁成像

图 9-7 中，井壁诱导裂缝主要分布于井段 730~810m 处，为 A 井产层段。其他的井段井壁诱导裂缝极少，从图 9-7 中还可以看出，井壁诱导裂缝的分布与总有机碳含量呈很好的正相关关系，井壁诱导裂缝的分布有很大的可能与总有机碳含量有关。在 730~810m 井段处，总有机碳的含量为 0.5%~4%。产层段作为富有机质页岩，总有机碳具有高孔隙度和低密度的特征，低质量分数的总有机碳也能够占有较高的体积分数[8]。例如，质量分数为 4%的总有机碳的体积分数高达 16%，这为油藏条件下拉伸裂缝的产生提供了自由位移空间。

此外，为了进一步分析井壁诱导裂缝的分布特征，图 9-8 展示了井壁诱导裂缝分布与伽马、弹性模量、泊松比的关系，弹性模量和泊松比都是通过测井曲线计算获得的。从图中可以看出，井壁诱导裂缝发育的位置具有高泥质（GR 大于 120API）、低泊松比（小于 0.26）和低弹性模量（小于 45GPa）特征。可以看出，井壁诱导裂缝的分布与黏土矿物含量有关。

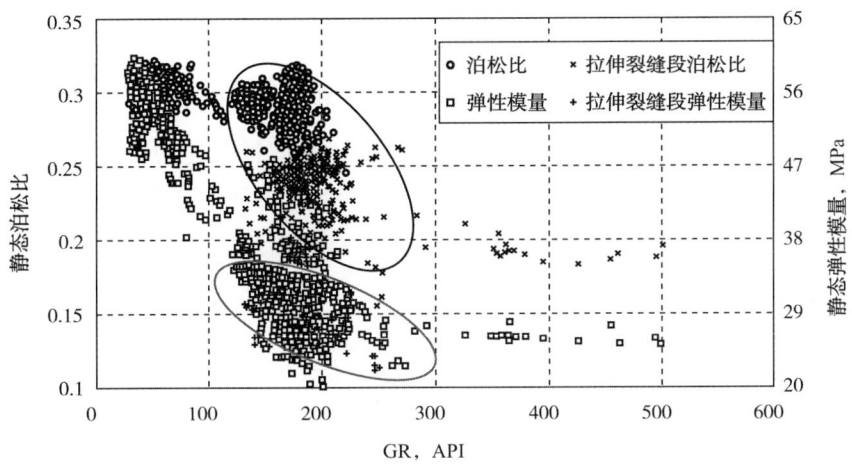

图 9-8　井壁诱导裂缝分布与伽马、弹性模量、泊松比的关系

图 9-9 显示了北美地区和中国的页岩初始含水饱和度统计结果。从图中可以看出，龙马溪组页岩储层具有超低含水饱和度和高束缚水饱和度的特点，超干的页岩与水基钻井液接触后会迅速产生较强的吸水作用，含水饱和度由超低的初始含水饱和度上升至束缚水含水饱和度。强渗吸作用能够明显地提高近井壁的孔隙压力，导致拉伸裂缝的产生。

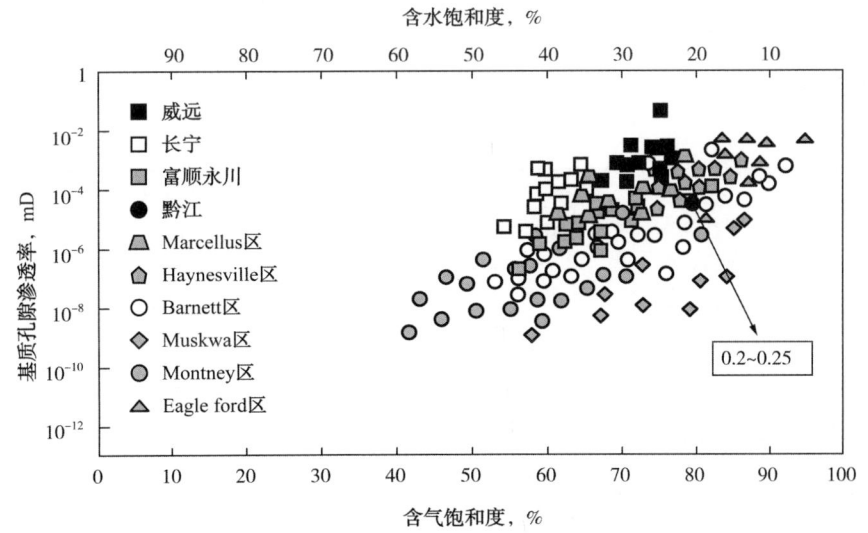

图 9-9　北美地区和中国的页岩初始含水饱和度统计

第三节 考虑页岩渗吸作用修正 Zoback 地应力预测方法

一、页岩储层闭合应力分析

通过小型压裂测试分析计算闭合压力(p_c)来评价最小水平地应力。这里利用软件 Meyer 中的 Minfrac 模块对 A 井小型压裂数据进行分析,获取瞬时停泵压力($ISIP$)和闭合压力。准确地确定裂缝闭合点是求取闭合压力的关键,一般采用对数坐标系、线性坐标系下不同形式的 G 函数以及压力平方根曲线区分裂缝闭合点,其中 $\Delta p=p-ISIP$。

由测井曲线计算的上覆岩层岩石密度在 2.54~2.81g/cm³(平均值为 2.71g/cm³),与实验室岩心的密度测试结果一致。上覆岩层应力 S_v 可以通过密度测井的积分获得,即

$$S_v = \int \rho(z) g \mathrm{d}z \qquad (9-4)$$

式中 $\rho(z)$——密度随深度的变化,kg/m³;

g——重力加速度,N/kg;

z——地层深度,m;

S_v——上覆岩层应力,MPa。

小型压裂测试分析结果见表 9-2。裂缝闭合压力约为 20.5MPa。在深度 780~790m 处上覆岩层应力为 20.8MPa,比闭合压力相对高一些。值得注意的是,闭合压力是最小地应力的表征,这里闭合压力与上覆岩层应力接近,因此很有可能形成水平裂缝。结合井壁发育大量诱导裂缝的情况,可以推测井旁地应力分布为 $S_{H_{\max}}$(最大水平地应力)>S_v(上覆岩层应力)≈$S_{h_{\min}}$(最小水平地应力)。

表 9-2 小型压裂测试分析结果

曲线名称	井底 ISIP MPa	地面 ISIP MPa	井底闭合应力 MPa	地面闭合应力 MPa
Δp&($G\mathrm{d}p/\mathrm{d}G$)—G 时间曲线	23.173	15.38	19.765	11.972
Δp&($ISIP-G\mathrm{d}p/\mathrm{d}G$)—G 时间曲线			20.619	12.826
Δp&($G\mathrm{d}p/\mathrm{d}G$)—G 时间曲线			21.07	13.277
Δp&[$\mathrm{d}(\lg y)/\mathrm{d}(\lg x)$]—G 时间曲线			21.455	13.663
平方根曲线			20.705	12.913

二、页岩岩石力学参数计算

一般认为,超过岩石抗拉强度时才能产生裂缝,然而,页岩含有大量的微裂缝,井壁诱导裂缝更容易产生,因此岩石力学模型中抗拉强度很小,甚至可以忽略。

对单轴抗压强度（UCS）而言，目前尚缺少可靠的工具或方法进行测量[9]。一般情况下，UCS 是通过测井曲线获得的，由于 UCS 的准确度能够明显地影响井壁破坏情况的预测，因此必须建立相对准确的测井经验关系式。

Lal(1999)针对 Mexico Gulf 页岩提出了单轴抗压强度的经验关系式：

$$UCS = 10(304.8/\Delta t_\mathrm{P} - 1) \tag{9-5}$$

式中　Δt_P——单位距离的 P 波传递时间，μs/ft。

Horsrud(2001)针对 North Sea 区块岩石力学性质进行系统研究，提出了单轴抗压强度经验关系式：

$$UCS = 0.77\,(304.8/\Delta t_\mathrm{P})^{2.93} \tag{9-6}$$

斯伦贝谢公司针对硅质页岩提出了单轴抗压强度的经验关系式：

$$UCS = 3.8069\,E_\mathrm{s} \tag{9-7}$$

式中　E_s——弹性模量，GPa。

图 9-10 显示了单轴抗压强度的预测结果。实验室内的单轴抗压强度测试结果与 A 井的岩心岩石力学实验结果一致，因此斯伦贝谢公司的经验公式能够更好地适用于渝东南地区地层。根据斯伦贝谢公司的公式，计算得到深度为 727~792m 段的页岩单轴抗压强度为 129.6±19.5MPa（图 9-11）。与北美地区的页岩相比，中国渝东南地区的海相页岩强度较高。

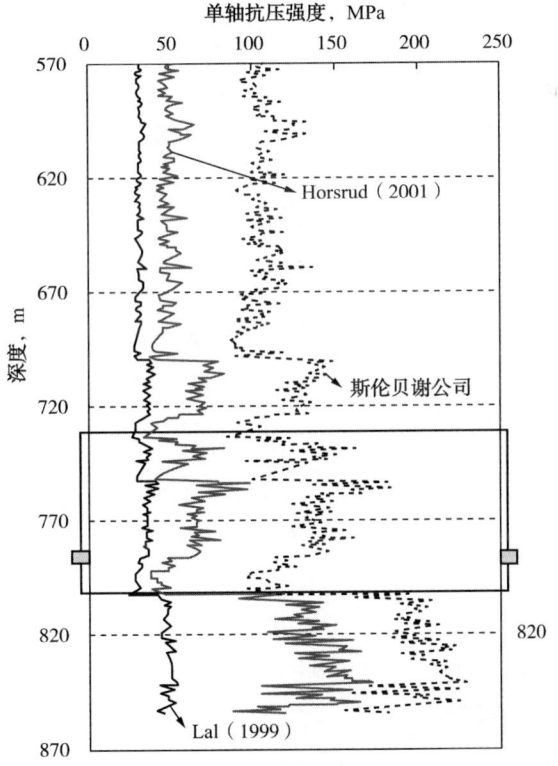

图 9-10　单轴抗压强度的预测结果

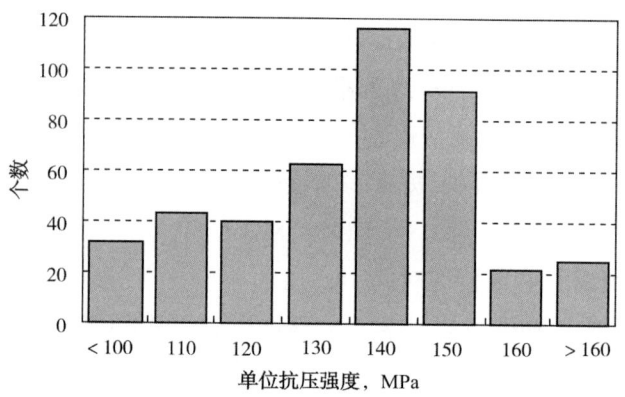

图 9-11　测井曲线获取的单轴抗压强度统计

Biot 系数 α 主要用来计算有效应力，一般在 0~1 之间，Warpinski 和 Teufel(1998)认为富含微裂缝的岩石样品 Biot 系数接近 1，Zimmerman(1999)和 Wang(2000)提出对于低基质压缩性或低孔隙度的岩石，Biot 系数更可能小于 1，因此这里假定 Biot 系数为 1，主要是因为 Biot 系数为 1 时有效应力最小且应力差保持不变。

对于页岩等 TIV 横观各向同性地层，利用 Sonic Scanner 测井资料，采用 Annie 假设可以得到各向异性地层的刚度矩阵，分别计算岩石垂向和横向的弹性模量和泊松比。

$$C = \begin{bmatrix} C_{11} & C_{12} & C_{13} & 0 & 0 & 0 \\ C_{12} & C_{11} & C_{13} & 0 & 0 & 0 \\ C_{13} & C_{13} & C_{33} & 0 & 0 & 0 \\ 0 & 0 & 0 & C_{55} & 0 & 0 \\ 0 & 0 & 0 & 0 & C_{55} & 0 \\ 0 & 0 & 0 & 0 & 0 & C_{66} \end{bmatrix} \tag{9-8}$$

$$E_v = C_{33} - 2\frac{C_{13}^2}{C_{11}+C_{12}} \tag{9-9}$$

$$E_h = \frac{(C_{11}-C_{12})(C_{11}C_{33}-2C_{13}^2+C_{12}C_{33})}{C_{11}C_{33}-C_{13}^2} \tag{9-10}$$

$$\nu_v = \frac{C_{13}}{C_{11}+C_{12}} \tag{9-11}$$

$$\nu_h = \frac{C_{33}C_{12}-C_{13}^2}{C_{33}C_{11}-C_{13}^2} \tag{9-12}$$

式中　E_v——动态垂向杨氏模量；

　　　E_h——动态横向杨氏模量；

　　　ν_v——动态垂向泊松比；

　　　ν_h——动态横向泊松比。

测井曲线获取的弹性参数为动态参数，需要根据实验室内测试结果获取动静态关系，将动态结果转化为静态结果参与地应力计算。根据实验室内的岩心测试结果，转换系数约为0.78。

Anderson断层理论表明发育断层的岩体的摩擦强度能够为某一深度处的三项地应力提供上限，所以目前存在的微裂缝和断层的摩擦系数能够很好地反映区域地应力特征[10]。Trautwein-Bruns等(2010)选择了高摩擦系数(0.85)作为计算地应力的参数。一般来说，摩擦系数0.6能够很好地适用于目前的地应力状态。Zoback和Healy(1984)发现对于富含黏土矿物的页岩，摩擦系数为0.6偏高。Townend和Zoback(2000)认为摩擦系数为0.6~1.0与上地壳的地应力状态是一致的。Moore和Lockner(2006)阐明了页岩的摩擦强度与有效应力有关，摩擦系数并不是一个常数，是由很多参数决定的，包括裂缝或断层的尺度形态、岩石的类型、应力状态、矿物以及流体的性质。其中黏土矿物与总有机碳的含量能够明显地影响摩擦系数的大小。当黏土矿物与总有机碳的含量之和超过30%时，摩擦系数大约为0.4。Ewy等(2003)建议实验室内页岩的有效摩擦系数在0.2~0.3。考虑到页岩的高黏土矿物含量和微裂缝的发育情况，摩擦系数可能会更低。本书研究中，龙马溪组页岩的总黏土矿物含量超过30%并且发育微裂缝，摩擦系数取值小于0.4。

三、Zoback地应力模型修正

井壁破坏是由远场地应力与局部井壁应力叠加产生的，所以需要根据Zoback多边形应力分析方法建立井壁破坏的模型来评价远场地应力[11]。

对于远场地应力，三向地应力的大小主要受到目前活跃断层的摩擦强度控制，根据Anderson断层滑移理论，最大主应力(S_1)与最小主应力(S_3)的关系为

$$(S_1 - p_p)/(S_3 - p_p) \leqslant \left(\sqrt{\mu^2+1} + \mu\right)^2 \tag{9-13}$$

式中　μ——摩擦系数；

　　　p_p——孔隙压力。

式(9-13)成立的前提是断层端面的内聚力为0。因此，上式仅对于大尺度的含有裂缝和断层的岩体是成立的，能够很好地描述区域应力场分布特征，然而对于小尺度的岩石，则需要考虑岩石本身的内聚力的影响。

对于近井壁局部应力差，井壁诱导裂缝产生的条件为

$$3S_{h_{\min}} - S_{H_{\max}} - 2p_p - \Delta p < -\sigma_t \tag{9-14}$$

式中　Δp——液柱压力p_m和孔隙压力p_p的差值；

　　　σ_t——抗拉强度。

需要关注热应力的影响。A井深880m，钻井液的温度变化约为20℃，则井筒壁面的热应力约为0.8MPa。虽然热应力对深井井壁诱导裂缝的产生具有重要的影响，然而由于数值较小，可以忽略不计。A井钻井过程中，进行实时压力检测，并没有发现明显的压力变化，

因此井壁诱导裂缝的产生主要是静态应力的作用，式(9-14)可以满足常规分析的要求。然而，式(9-14)是基于简单的线弹性力学的基本理论建立起来的，过程中没有考虑页岩的特殊性质，因此应用于页岩气井中会存在很大的误差。

Barton 和 Zoback(1988)认为井壁崩落的外缘应力等于岩石的单轴抗压强度，因此建立了井壁崩落的模型，可以根据井壁崩落宽度(θ_b)求取最大水平井地应力的大小。

$$S_{H_{\max}} = \frac{(UCS + 2p_p + \Delta p) - S_{h_{\min}}(1 + 2\cos 2\theta_b)}{1 - 2\cos 2\theta_b} \tag{9-15}$$

页岩储层地应力计算公式如下：

$$\begin{aligned} S_{h_{\min}} - p_p &= \frac{E_{\text{horz}}}{E_{\text{vert}}} \frac{\nu_{\text{vert}}}{1 - \nu_{\text{horz}}} (S_v - p_p) + \frac{E_{\text{horz}}}{1 - \nu_{\text{horz}}^2} \varepsilon_h + \frac{E_{\text{horz}} \nu_{\text{horz}}}{1 - \nu_{\text{horz}}^2} \varepsilon_H \\ S_{H_{\max}} - p_p &= \frac{E_{\text{horz}}}{E_{\text{vert}}} \frac{\nu_{\text{vert}}}{1 - \nu_{\text{horz}}} (S_v - p_p) + \frac{E_{\text{horz}}}{1 - \nu_{\text{horz}}^2} \varepsilon_H + \frac{E_{\text{horz}} \nu_{\text{horz}}}{1 - \nu_{\text{horz}}^2} \varepsilon_h \end{aligned} \tag{9-16}$$

式中 ε_h，ε_H——分别为最小水平应变和最大水平应变。

四、Zoback 应力多边形局限性

页岩储层的摩擦系数反映了某一深度处的三向地应力的上限。高地应力差意味着较高的摩擦系数。Zoback(2007)发现摩擦系数为 0.6 比较适用于目前的地应力场分析。然而，页岩储层的低摩擦系数(小于 0.4)已经被广泛接受。本书研究中，通过对比低摩擦系数(0.4)与高摩擦系数(0.6)对地应力预测结果的影响，建立适用于研究区地应力分析的摩擦系数标准[12]。

图 9-12 显示了使用应力多边形法分析的 A 井 786m 处的地应力分布情况，其中上覆岩层应力 S_v 为 20.8MPa，孔隙压力 p_p 为 7.7MPa，钻井液密度 ρ_m 为 1.15g/cm³，Biot 系数 α 为 1。该深度处发育井壁诱导裂缝，未发现井壁崩落。外侧和内侧多边形分别代表摩擦系数为 0.6 和 0.4 时的地应力边界；NF、SS 和 RF 分别代表正断层机制、滑移断层机制和逆断层机制。

1. 高摩擦系数(0.6)

A 井的 786m 处发育清晰的井壁诱导裂缝，且开展了小型压裂测试。该处的最小水平地应力等于裂缝闭合压力(20.5MPa)。在应力多边形中，对于某一最小水平地应力，最大水平地应力的变化范围很小，根据 Zoback 应力分析方法，当摩擦系数为 0.6 时，最大水平地应力接近 44MPa，如图 9-12 中 A 点所示。

$$3S_{h_{\min}} - S_{H_{\max\text{-zob}}} - 2p_p - \Delta p < -\sigma_t \tag{9-17}$$

$$(S_{H_{\max\text{-zob}}} - p_p)/(S_{h_{\min}} - p_p) \leqslant \left(\sqrt{0.6^2 + 1} + 0.6\right)^2 \tag{9-18}$$

$$S_{H_{\max\text{-zob}}} = 44\text{MPa} \tag{9-19}$$

式中 $S_{H_{\max\text{-zob}}}$——通过摩擦系数为 0.6 计算的最大水平主应力。

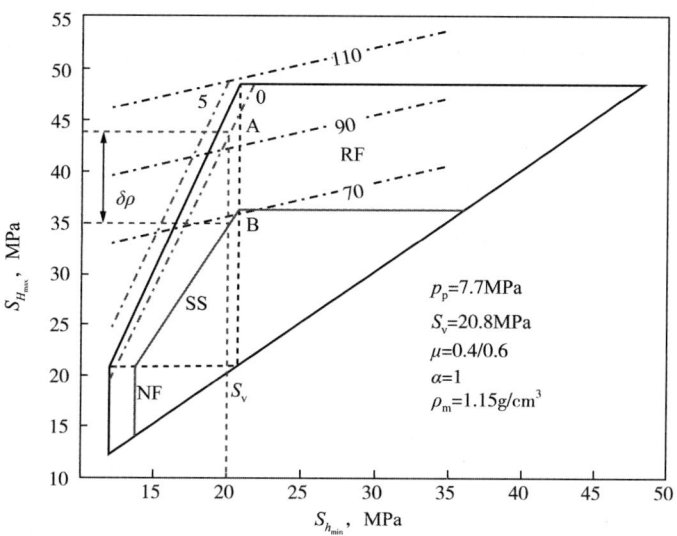

图 9-12 Zoback 应力分析图

在浅部页岩地层 570m 深度处 $S_{H_{max}\text{-zob}}$ 超过 40MPa，同时水平主应力差超过 20MPa，这大大超过了常规的地应力。所以，对于研究区的储层，摩擦系数为 0.6 过高。当局部不存在断层释放剪切应力时，高应力差是可能存在的。然而，研究区为印度洋板块与东亚板块交界的过渡区，具有强构造应力、高地震发生频率的特点。高应力差是可能的，但是过高的应力差在浅部地层是不可能存在的，因为频繁的地震会释放应力。因此，有很大的可能是其他的机理导致了 A 井发育大量的井壁诱导裂缝。

2. 低摩擦系数(0.4)

当高摩擦系数 0.6 被采用时，最大水平地应力被应力多边形法过高地估计，虽然这仍然可以解释发育大量井壁诱导裂缝的问题。在相同深度下，页岩储层的低摩擦系数 0.4 可以被用来作为对比研究，则最大水平地应力的上限值为图 9-12 中 B 点所示。但抗拉强度线明显地超过了内侧应力多边形的范围。换句话说，应力多边形法无法解释在低摩擦系数下发育大量井壁诱导裂缝的现象。

$$(S_{H_{max}\text{-modi}} - p_p)/(S_{h_{min}} - p_p) \ll (\sqrt{0.4^2+1} + 0.4)^2 \tag{9-20}$$

$$S_{H_{max}\text{-modi}} \leqslant 35\text{MPa} \tag{9-21}$$

$$3S_{h_{min}} - S_{H_{max}\text{-modi}} - 2p_p - \Delta p = 9\text{MPa} > 0 \tag{9-22}$$

式中　$S_{H_{max}\text{-modi}}$——通过摩擦系数为 0.4 计算的最大水平主应力。

当 786m 处发育井壁诱导裂缝时，则出现井壁诱导裂缝的条件应该被满足：

$$3S_{h_{min}} - S_{H_{max}\text{-modi}} - 2p_p - \Delta p - \delta p < -\sigma_t \tag{9-23}$$

求解近井壁有效内应力 δp 得

$$\delta p = S_{H_{max}\text{-zob}} - S_{H_{max}\text{-modi}} \gg 9\text{MPa} \tag{9-24}$$

δp 与井壁的钻井液压力类似,是导致井壁诱导裂缝产生的局部应力。这个参数通常被忽略,因此导致了 Zoback 应力多边形分析方法的局限性。根据 Zoback 应力多边形法,使得预测的井壁诱导裂缝与实际的观测结果相一致的唯一方法就是尽可能地提高水平应力差。所以,只有高水平的应力差 0.6 被采用,最大水平地应力的数值被过高地估计了至少 δp(不小于 9MPa),如图 9-12 中 A 点和 B 点之间。引入 δp 能够很好地解释在没有过高的钻井液密度或过高的应力差条件下仍然可以发育大量井壁诱导裂缝的现象。δp 主要在硬脆性的富有机质页岩中产生,其过程是一个复杂的物理化学耦合的过程。

根据 Zoback 应力多边形法,计算地应力纵向变化(图 9-13),从而通过预测的井壁破坏与实际的 FMI 观测结果对比来验证应力模型的准确性。图 9-14 为预测的井壁破坏结果图。图中显示上部井段出现了轻微的井径扩大,这与 690m 处井径测井曲线的变化相一致。预测的井壁诱导裂缝也与实际的观测结果相一致,表明地应力的预测结果是比较准确的。

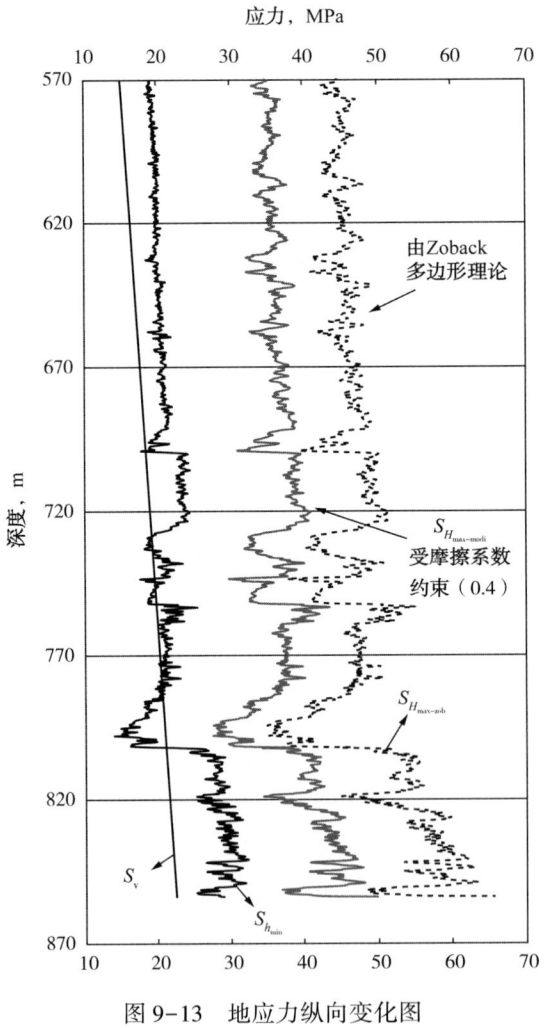

图 9-13 地应力纵向变化图

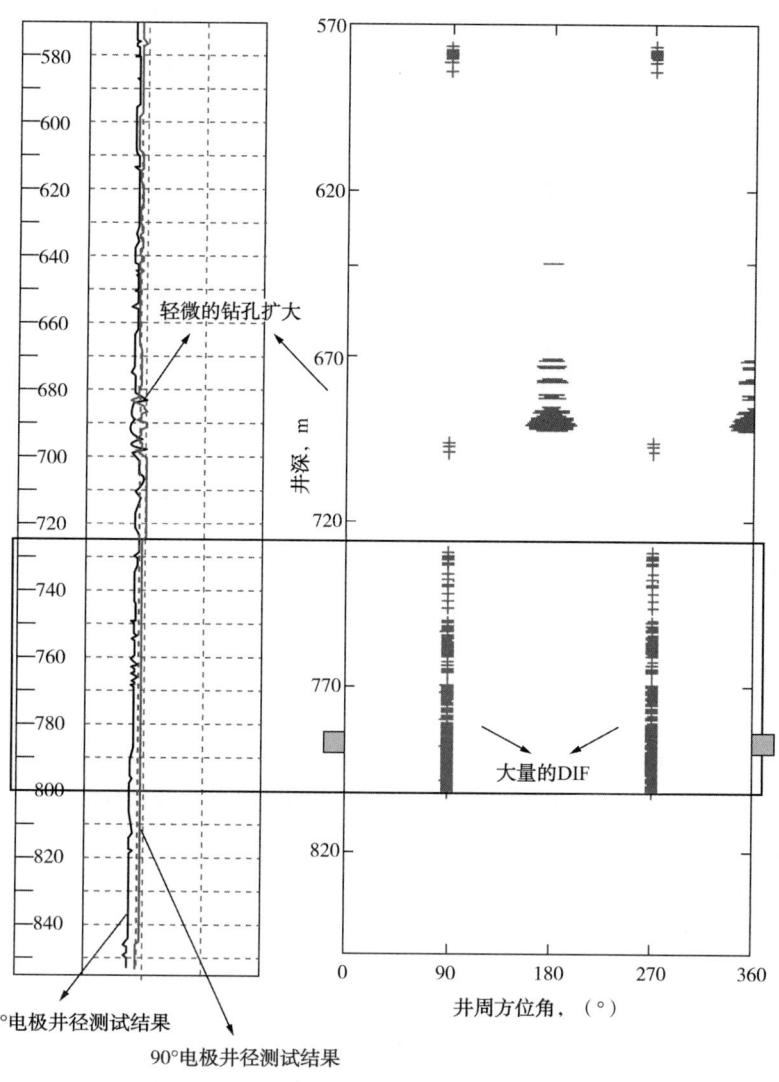

图 9-14 预测的井壁破坏结果图

目前的理论认为高水平应力差和高钻井液密度是大量井壁诱导裂缝产生的原因[13]。然而，在页岩储层中，井壁诱导裂缝的产生是多个因素耦合的结果，如页岩的性质、微裂缝的分布、润湿性、钻井液的性质、矿物组成、断裂韧性和裂缝的尺度形态等。而页岩储层强渗吸作用正是诱发这一系列因素发挥作用的关键，其宏观反应就是有效内应力 δp 的产生。Zoback 应力分析方法正是忽略了这一系列的因素才导致了在页岩储层中应用时的偏差。

此外，这也可以间接证明在储层条件下，页岩受三向应力作用，拉伸裂缝可以获得扩展所需要的侧向位移，而软弱的有机质可以为拉伸裂缝的扩展提供条件，这是页岩不同于常规砂岩和致密岩石的重要性质[14]。焖井期间，大量的压裂液吸入富有机质页岩储层，导致拉伸裂缝扩展，提高了页岩储层渗透率，这很可能是部分页岩气井返排率越低，产能越高的一个合理解释。

第四节 小 结

基于渗吸引起的基质孔隙压力上升和富有机质页岩拉伸裂缝扩展的机理，修正了传统的地应力预测方法。主要研究成果如下：

（1）A井井旁最大水平主应力方向为北东95°（误差约9°）——近东西向，与区域地应力场方向一致；地应力处在逆冲断层控制之下，研究区具有地震活动性高、构造应力强、水平应力差大的特点。

（2）通过井壁成像测井发现，井壁诱导拉伸裂缝更易于分布在富有机质页岩井段，阐明了渗吸对井壁诱导裂缝形成的影响，并将渗吸作用引入地应力预测模型，修正了最大水平地应力的预测值。

参 考 文 献

[1] Karfakis M G, Akram M. Effects of chemical solutions on rock fracturing[J]. International journal of rock mechanics and mining sciences & geomechanics abstracts, 1993, 30(7): 1253–1259.

[2] Thiercelin M J, Plumb R A. A core-based prediction of lithologic stress contrasts in east Texas formations[J]. SPE Formation Evaluation, 1994, 9(4): 251–258.

[3] Trautwein-Bruns U, Schulze K C, Becker S, et al. In situ stress variations at the Variscan deformation front-results from the deep Aachen geothermal well[J]. Tectonophysics, 2010, 493(1–2): 196–211.

[4] Zoback M D, Barton C A, Brudy M, et al. Determination of stress orientation and magnitude in deep wells[J]. International Journal of Rock Mechanics and Mining Sciences, 2003, 40(7–8): 1049–1076.

[5] Wiprut D, Zoback M, Hanssen T H, et al. Constraining the full stress tensor from observations of drilling-induced tensile fractures and leak-off tests: application to borehole stability and sand production on the Norwegian margin[J]. International Journal of Rock Mechanics and Mining Sciences, 1997, 34(3–4): 365.

[6] Brudy M, Zoback M D, Fuchs K, et al. Estimation of the complete stress tensor to 8 km depth in the KTB scientific drill holes: Implications for crustal strength[J]. Journal of Geophysical Research: Solid Earth, 1997, 102(B8): 18453–18475.

[7] Horsrud P. Estimating mechanical properties of shale from empirical correlations[J]. SPE Drilling & Completion, 2001, 16(2): 68–73.

[8] Warpinski N R, Teufel L W. Determination of the effective-stress law for permeability and deformation in low-permeability rocks[J]. SPE formation evaluation, 1992, 7(2): 123–131.

[9] Zimmerman R W. Coupling in poroelasticity and thermoelasticity[J]. International Journal of Rock Mechanics

and Mining Sciences, 2000, 37(1-2): 79-87.

[10] Wang H F. Theory of linear poroelasticity with applications to geomechanics and hydrogeology [M]. Princeton: Princeton University Press, 2017.

[11] Trautwein-Bruns U, Schulze K C, Becker S, et al. In situ stress variations at the Variscan deformation front-results from the deep Aachen geothermal well[J]. Tectonophysics, 2010, 493(1-2): 196-211.

[12] Townend J, Zoback M D. How faulting keeps the crust strong[J]. Geology, 2000, 28(5): 399-402.

[13] Moore D E, Lockner D A. Friction of the smectite clay montmorillonite[J]. The seismogenic zone of subduction thrust faults, 2007: 317-345.

[14] Zoback M D. Reservoir geomechanics[M]. Cambridge: Cambridge University Press, 2010.